镜中的鹦鹉

我们有可能进化成鸟类吗？

［美］安东·马丁诺-特鲁斯韦尔　著

（Antone Martinho-Truswell）

高李义　译

The Parrot in the Mirror:

How evolving to be
like birds makes us human

中国科学技术出版社

·北　京·

北京市版权局著作权合同登记　图字：01-2023-2388。

图书在版编目（CIP）数据

镜中的鹦鹉：我们有可能进化成鸟类吗？/（美）
安东·马丁诺 – 特鲁斯维尔著（Antone Martinho-Truswell）；
高李义译 . — 北京：中国科学技术出版社，2023.9
　书名原文：The Parrot in the Mirror：How
evolving to be like birds makes us human
　ISBN 978-7-5236-0127-3

　Ⅰ . ①镜… Ⅱ . ①安… ②高… Ⅲ . ①人类进化—研
究 Ⅳ . ① Q981.1

中国国家版本馆 CIP 数据核字（2023）第 054703 号

策划编辑	刘　畅　屈昕雨	责任编辑	高雪静
封面设计	仙境设计	版式设计	蚂蚁设计
责任校对	吕传新	责任印制	李晓霖

出　　版	中国科学技术出版社
发　　行	中国科学技术出版社有限公司发行部
地　　址	北京市海淀区中关村南大街 16 号
邮　　编	100081
发行电话	010-62173865
传　　真	010-62173081
网　　址	http://www.cspbooks.com.cn

开　　本	880mm×1230mm　1/32
字　　数	133 千字
印　　张	7.75
版　　次	2023 年 9 月第 1 版
印　　次	2023 年 9 月第 1 次印刷
印　　刷	河北鹏润印刷有限公司
书　　号	ISBN 978-7-5236-0127-3/Q · 246
定　　价	69.00 元

献给埃玛、弗洛拉和克拉拉，

我所做的一切都是为了他们；

献给我的父母，献给亚历克斯·卡塞尔尼克：

这既是我的作品，也是他们的作品。

前言
Preface

6600 万年前，一颗小行星坠落在现在的墨西哥境内，结束了爬行动物的时代。在此之前，庞大的爬行动物，包括陆地上的恐龙，以及类似的飞行和水生动物，已经统治了地球很长时间——大约 1.5 亿年。突然之间，恐龙注定要被遗忘。事实比这更糟糕！现在人们认为，除了棱皮龟等罕见的例外，每一种体重超过 25 千克的四足动物——即长着四肢动物——都在那次撞击后的几年里灭绝了。

在被摧毁的世界的废墟中，一群新的动物开始崭露头角。以前，这是一个不受尊重的群体，是爬行动物统治地位之外的次要事件，但刚刚被冲刷过的地球使它们有机会在多样性和能力方面爆发，进化出新的形态，发展出新的能力。它们是食肉动物和食草动物，既是狩猎者又是猎物。它们中有些会游泳，有些变得更大，有些变得更凶猛。

在一个条件适宜的大陆上，它们变得非常聪明。它们的寿命更长，社会交往也更加复杂。它们可以笔直地站立，能够"说的话"也远多于它们的近亲。起初它们的数量还很少，但随着时间的推移，它们拥有了强大而有创造力的大脑并为了寻找资源，开始漫游。最终，它们找到了离开自己所在大陆的通道，并涌向世界上的其他地区。它们在各大洲迅速蔓延，很快，这种地球上非常聪明的动物就已经生活在这个星球的大部分地区了，它们是鹦鹉。

在鹦鹉完成了这一切的 5000 万年后，人类出现了，并再次做到了这一点。

* * *

鹦鹉可能是人类最喜爱的鸟类，原因很容易理解。它们的羽毛五彩缤纷、性格俏皮有趣，令人着迷，它们能大概模仿人类的面部表情和肢体语言，当然，它们还会说话。这足以使我们对它们着迷，但我认为还有其他原因。鹦鹉是我们的进化镜像。就所有脊椎动物而言，人类和鹦鹉只是远亲，却拥有许多相似之处——在某些情况下，这甚至要多于人类和动物近亲之间的相似之处。它们的进化史遵循着和我们相似的模式，它们是自然界在生命家谱的一个遥远分支中对非凡智力进行的另一种尝试。鉴于我们似乎与鸟类有着本质的不同，这些相似之处可能非常令人惊讶。然而，我想说的是，即使在鹦鹉之外，我们人类也能发现自己与鸟类有许多相似之处，而这些特点却不是我们与其他哺乳动物所共有的。事实上，我们确实很像鸟类。

人类是动物，更确切地说是哺乳动物，再准确一点说是灵长类哺乳动物。灵长类动物是一群高度聪明、多才多艺的哺乳动物，其起源于非洲，包括类人猿——人类、黑猩猩、倭黑猩猩、大猩猩和猩猩——以及所有的猴子、狒狒和类似的动物。灵长类动物都有拇指，我们的毛发和内脏器官或多或少地与其他哺乳动物相似。我们与鸟类没有密切亲缘关系，我们看起来也不像它们。我们的身体、眼睛、皮肤、毛发、血液、大脑结构，以及我们的祖先，都与鸟类有着根本的区别。

然而，我们人类与鸟类之间也有许多共同之处。最初由鸟类"发明"的生活方式与典型的哺乳动物生活方式差异极大，但与后来使灵长类动物在哺乳动物中独树一帜、使人类在灵长类动物中独树一帜的生活方式非常相似。

我怀疑这就是我们觉得鸟类非常迷人的部分原因。有人可能会认为，当一种动物变得足够聪明，可以开始研究自己和其他动物时，它的注意力就会集中在和它关系最近的近亲身上。在某种程度上，确实如此。与我们的生活密切相关的大多数动物都是被我们驯化的哺乳动物，如狗、猫和家畜（家禽除外）。大量的科学研究关注的是老鼠等啮齿动物（目的是以一种廉价和可消耗的形式更好地了解哺乳动物的身体）或者我们的近亲黑猩猩等灵长类动物（目的是以一种昂贵而珍稀的形式更好地了解哺乳动物的大脑）。

　　然而，人类，尤其是专业动物爱好者和业余爱好者，都对鸟类抱有极大的兴趣。鸟舍、观鸟、巢箱、喂鸟器、宠物、爱鸟俱乐部——我们以各种形式热爱着鸟类。清晨的鸟鸣让人感到如此宁静温馨，以至于我们设计了模拟黎明鸟类合唱声音的闹钟来唤醒我们。鸟类承载了我们的各种象征：鸽子（尤指白鸽）象征和平，鹰象征爱国。人们称自己是鸟类爱好者，观鸟者会列出"生命清单"——他们看到的每一个鸟类新品种都会成为他们的一项值得珍惜的终身成就，并将其与其他爱好者比较。祖父母带着孩子在公园里喂鸭子，鸽友们驯养鸽子用于比赛。我怀疑每个人，都曾有过这样的梦想——可以像鸟儿一样飞翔。

　　生物学家也热爱鸟类。我们对动物行为的现代理解部分归功于康拉德·洛伦茨（Konrad Lorenz）对鹅和鸭子的研究。洛伦茨让一群鸭雏和鹅雏将他，而不是它们的母亲，看作它们生命中第一个移动的对象。他还做了许多现在很有名的实验，比如对鸭雏和鹅雏嘎嘎叫，以鼓励它们跟着他。他发现的印记效应，即刚出生的小鸡或小鸭学习识别母亲的过程，为他赢得了 1973 年的诺贝尔生理学或医学奖。如今，刚孵化的小鸡是实验室中以及生物课堂上研究鸟类各种行为和生理机能的标准模型生物。鸽子在学习过程实验和动物导航研究中有着悠久的历史。B. F. 斯金纳（B. F. Skinner）在他著名的"斯金纳箱"实验中使用了鸽子。他在实验中表明，你可以通过奖励来训练动物执行几乎任何动作。他甚至通过用鸟食奖励的方式，成功教会了两只鸽子玩一种混合了乒乓球与空气曲棍球规则的游戏。相关专家对大山雀和其他小型鸣禽的研究帮助我们建立了生态学，这些研究也为行为经济学和对动物如何优化自身行为的相关研究奠定了基础。除此之外，还有许多关于鹦鹉和乌鸦智力的著名研究，以及大量以保护鸟类为重点的研究。很明显，生物学界对鸟类有着浓厚的兴趣。

这些兴趣有一些显而易见的原因：比如大多数鸟类是昼行性的，也就是说，它们和我们一样，是在白天行动的，而相比之下，大多数哺乳动物则是在夜间出来活动的。这意味着大多数人在自家花园或当地公园里看到的鸟类要比他们看到的哺乳动物多得多。这也为科学家研究鸟类提供了便利。如果你想要回答的问题可以用任何动物来进行测试，那么选择鸟类是很方便的：这意味着你不必在午夜时分待在实验室里，也不必在中午时分让实验室保持黑暗。在某些情况下，获得这些动物也很方便，如在研究小鸡时，鸡蛋的孵化为我们提供了世界上最容易获得的动物，这可能也导致我们极其喜欢吃鸡肉。幼鼠必须由母鼠产下，而且很难由人工饲养，而与幼鼠不同，小鸡可以人工孵化，并在孵化后的几小时内就能自己行走、进食和饮水。

我们也很容易将我们对鸟类的喜爱简单地归因于它们的魅力。大多数鸟类都很美丽，或者至少看起来很有趣。许多鸟类，特别是体形较大的品种，比如你在公园里看到的鸭子，或城市里的鸽子，并不是非常害怕我们，而且它们很乐意在我们面前旁若无人地做它们自己的事情，这使得它们比那些在人类接近时就会逃之夭夭的老鼠或鹿显得更有趣。一般来说，相比其他动物城市和郊区的居民看见的不同品种的野生鸟类之间有更明显的差异，因此，发现一种新的鸟类要比发现另一种老鼠或猫更有趣。许多鸟类都有令人印象深刻的、能取悦我们的技能，从鹦鹉的模仿，到孔雀的开屏，再到鹅的编队飞行。这些行为和特征无疑部分解释了人类对鸟类的集体痴迷。

是的，我们喜欢鸟类可能只是因为我们的好奇心，而且鸟类天生就很有趣。毕竟我是一名鸟类学家，所以我可能会觉得它们非常有趣。但我认为造成这种亲近感的还有更深层次的原因。

我认为我们在鸟类身上看到了自己。

我指的不仅是显而易见的方面——比如拟人化，你看着一只鹦鹉，它直立着，长着一对表情丰富的大眼睛，摇头晃脑以便更好地打量你。不仅如此，尽管我们与鸟类之间存在诸多不同，但我们与鸟类的进化史有着深刻的相似之处，我们与鸟类不同的身体和大脑也有相似的生活策略和特征，以至于在许多有意义的方面，特别是在行为方面，我们人类已经放弃了像哺乳动物一样生活，转而选择了一种更像鸟类的生活。

通过发现、采用和调整那些鸟类的生存策略，我们成了没有羽毛的鸟类。

镜中的鹦鹉：
我们有可能进化成鸟类吗？

＊＊＊

当我们想要了解人体的生理构造时，我们必须关注哺乳动物——鸟类与我们的身体如此不同，以至于只是研究鸟类很难得出结论，而老鼠的内部生理结构，或者更理想的是猪的内部生理结构，可以让我们更好地了解自己的身体。但是，当我们开始着手了解我们的思想、行为、社会生活，或者我们的进化史为什么以一种特定的方式展开时，我们应该关注的是鸟类，特别是鸣禽和鹦鹉。我们是真正与众不同的哺乳动物。灵长类动物和老鼠相似的身体结构掩盖了一个事实：这两类动物过着截然不同的生活，而人类正是通过避免一些非常常见的哺乳动物行为走到今天的。

然而，与鸟类相比，我们并不是那么与众不同。我们的寿命、繁殖生育、思想、人际关系以及历史都非常符合鸟类的模式，甚至有时还会成为鸟类特征的最佳范例。因此，通过研究鸟类，我们可以更好地了解塑造人类的进化力量，从而更好地了解我们自己。我们很容易认为围绕乌鸦的智力或牛鹂的社会行为的研究很有趣但并非真正有用——它们只是在生物医学这个难懂而实用的蛋糕上的娱乐性点缀。然而这是对科学最重要的一部分的误解。

如果我们想要真正掌握自然界的某些东西，就需要回答两个问题："如何"与"为何"。研究和了解哺乳动物是回答关于人类的"如何"问题的唯一途径，例如我们的心脏是如何工作的？我们是如何成长和发展的？我们是如何修复受损的身体的？鸟类的生理结构与我们差别太大，无法回答这些问题。然而，研究鸟类可以让我们深入了解"为何"问题——有时这可能甚至是研究哺乳动物无法得到的见解。这就是为什么我们应该，至少有时候应该把人类当成没有羽毛的鸟类。正如以下各章将要展示的那样，这可以让我们对关于我们自己的一个问题有一些非凡的见解："为何？"

目 录
Contents

第一章

我们如何走到今天

当查尔斯·达尔文（Charles Darwin）在《物种起源》（*The Origin of Species*）一书中第一次写到进化论时，他以"树木交错的河岸"这一传神的描述结束了他的论证。达尔文想象了一个河岸，这里充满了植物、昆虫、鸟类、哺乳动物和无数其他物种，这些千差万别的生物都源自同一个祖先。他惊叹于这种生物多样性是如何从他所描述的简单进化过程中产生的。至今，这种多样性仍然是生物学家和生物爱好者（事实上，也许是我们所有人）进入自然界的原因。

早在达尔文开始他的工作之前（这项工作基本上建立了现代生物学），另一位早期生物学家就偶然发现了达尔文理论的一个关键组成部分——瑞典生物学家卡尔·林内乌斯（Carl Linnaeus）。他是第一位分类学家。分类学研究的是生物的分组和分类。如果要对达尔文后来撰写的生物的高度多样性进行严密的研究，就需要先对其进行分类。林内乌斯建立了现代分类学体系的第一个版本，他于 1735 年在他的《自然系统》（*Systema Naturae*）一书中发表了这一版本的分类体系。林内乌斯创建了一系列规模和特异性递减的分组，他将当时已知的所有生物形式都归入了这些分组，甚至还包括一些像海怪这样的生物，我们现在知道它们只是神话，或者至少是对潜伏在海洋中的鲸鱼和巨乌贼等巨大的真实动物的误解。林内乌斯从五个分组开始构建他的理论体系，而我们现在拥有更多分组。他认识到这些分组只是（根据不总是真实的各种证据得出的）一种构想，也就是说，我们将某种动物或植物分到某一组的依据并不是无可争议的事实真理，而是我们将它与和它足够相似的生物体归为一类的最佳尝试。最重要的是，林内乌斯的各个分组是嵌套的，因此一个种会被归入一个拥有几个和它非常相似的种的属，每个属及其中的所有种又都被归入某个目，每个目又都被归入某个纲，纲又被归入界。当时，林内乌斯主要根据生物的生理相似性来建立这个等级体系，他当时还没有达尔文的理论来揭示所有生物之间的联系。但无意中，他在大多数情况下都按照生物体之间联系的密切程度来进行分组——这一切都发生在人们还不知道不同物种之间可能存在联系之时。

林内乌斯起初可能是想把分组设计成同心的、嵌套的圆圈，这样就为我们提供关于更小分支的逐渐具体的信息，但我们也可以很容易地把这些分组绘制成一张树形结构图

（图 1-1）。这种树形结构图是达尔文偶然发现的。他认识到，所有生物都可以归入一张树形图，而且这不仅是一张描述性的树形图，还是一张家谱。

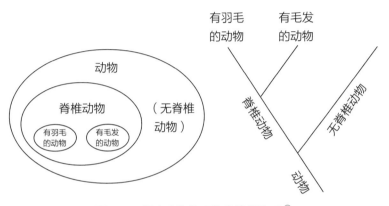

图 1-1　林内乌斯的现代分类学体系 [1]

　　这意味着林内乌斯的两个生物界，动物界和植物界（他最初的体系中还包括第三个界，矿物界）本身就是一个和地球上所有生物相关的家族的分支。科学家们之后会再添加几个描述真菌和微生物的界，以及更多的级别，如门和科，以

[1]　林内乌斯的类别体系是嵌套的，很像左侧图表中的类别体系。他的多层分组可以描述一种生物体——一种拥有脊椎和羽毛的动物——并将其与其他拥有脊椎和毛发的动物（而不是那些根本没有脊椎的动物）更加紧密地归为一组。同样的嵌套分组也可以用一张树形结构图（右侧）来建模。

提高分组的精确度。他们认识到，所有这些界最终都是从一个树干、一个共同的原始祖先分化出来的分支，这个祖先是所有生物体进化和多样化的起点。

林内乌斯的系统使达尔文发现的物种之间的关系得以被结构化和描述，该系统至今仍在被使用，随着科学家们收集到有关遗传学、形态学和历史学的更精确的数据以对生物体进行重新分类和描述，该系统不断被修改和争论。林内乌斯最初对动物外观和行为的分组依据已经让位于分子分类学，分子分类学使我们能够直接比较现存物种的 DNA，以确定哪些物种之间的关系更加密切。例如，林内乌斯将除节肢动物（昆虫、蜘蛛和甲壳纲动物）以外的所有无脊椎动物归入一个他称为"蠕虫"的组。林内乌斯将这些动物描述为"动作缓慢、身体柔软的动物……潮湿之地的居民"。我们现在知道，他的"蠕虫"组里其实包括 30 多组动物，它们全都彼此不同，就像昆虫不同于爬行动物一样，而且我们也创建了新的组和亚组来反映这种多样性——比如软体动物组、扁形虫组和水母组。进一步的 DNA 研究使我们能够越来越接近物种之间联系的真相，即使是那些表面上看起来彼此非常不同的物种。例如，我们现在知道，灵长类动物属于灵长总目，我们与啮齿动物如兔子同属灵长总目。下述事实也许会令人惊讶，但是这些动物与我们的亲缘关系要比我们跟我们的姐妹总目劳亚兽总目中的动物的关系更为密切，劳亚兽总目包括有蹄类动物，例如马和犀牛，以及食肉动物，例如狗和猫。

动物界的现代树形图（图 1-2）记录了动物从最初的多细胞生物体发展为我们今天所知的所有分组的历史。当你沿着树形图向顶端移动时，你在时间上会向前移动。树形图的最顶端代表今天，树枝的线条代表所有现存生物体的祖先。在树形图的下方，一根树枝从另一根树枝上分裂得越远，这些分组的亲缘关系就越远。生物学家称这种树形图为系统发育（phylogeny），它提供了生物体相关性的视觉表现。因此，所有拥有一个古老祖先的脊椎动物之间的关系要比它们与最接近的无脊椎动物（包括海星在内的棘皮动物）的关系更密切。而海星与脊椎动物的关系也要比它们与昆虫的关系更密切，昆虫是节肢动物——你必须沿着树形图进一步往下走，才能在线条分叉的地方找到这两组动物的最后一个共同祖先。

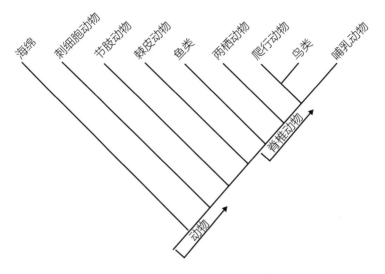

图 1-2　动物界的现代树形图 [①]

　　我们只有这样才能对哪些动物关系较为密切，以及哪些动物关系较为疏远做出有意义的陈述，它显示了鸟类和包括人类在内的哺乳动物之间是如何相互关联的。图 1-3 只显示了脊椎动物，即所有具有坚硬脊骨的生物体的谱系。脊椎动

①　这是一个非常不完整的且经过简化的动物界种系发展史。群体的相关性表现为物理距离：两个群体之间的黑线距离越短，则两个群体的关系就越密切。所有脊椎动物群与棘皮动物的距离相近，所以棘皮动物是与我们最接近的无脊椎动物亲属（在这张树形图上）；所有脊椎动物和棘皮动物之间的关系要比我们任何人与节肢动物的关系都要密切。在这张简化图上许多群体被忽略了，特别是刺细胞动物和棘皮动物之间的群体。

物起源于进化为被囊类动物的无脊椎动物，被囊类动物是一类形状类似管子的动物，它们依附在岩石上过着基本定栖的生活。它们的生命始于一种能自由游动的幼体，幼体的大脑很小，主神经周围有一层贯穿全身的硬化覆盖物，这是它们的脊柱的早期形式，也被称为脊索。当它们成年后，它们会

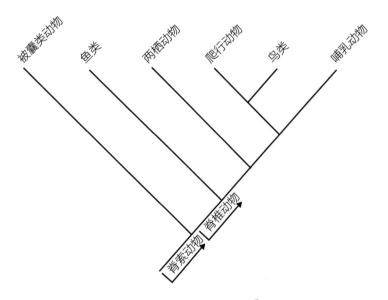

图 1-3 脊椎动物树形图 ①

① 脊椎动物是我们与被囊类动物的共同祖先的后代，被囊类动物拥有一种被称为脊索的早期形式的背骨。所有具有真正脊柱的动物（即脊椎动物）和具有脊索的动物组成了一个被称为"脊索动物"的分组。

先把头附着在岩石上，吸收自己的大脑，然后在余生中靠过滤周围水环境中的营养物质生存，并把精子和卵子释放到水中进行繁殖①。这就是脊椎动物的卑微开端。

最终，第一批真正的脊椎动物从被囊类动物中分化出来，进化后，它们可以保持在自由游动的幼体阶段，并拒绝吸收掉自己的大脑。这些幼体最终将成为早期的鱼类。最早的鱼类有点像盲鳗和七鳃鳗。它们没有下颚或骨骼，但有原始的循环系统，很像无脊椎动物。鲨鱼进化出了骨质下颚，使它们的嘴有更多的支撑力来咀嚼猎物，但它们同时保留了软骨质骨架和脊骨。事实证明，骨骼有助于支撑鱼类富有弹性的身体、保护它们在进化中形成的功能日益复杂的内部器官。因此，骨架完全硬化的硬骨鱼随后出现，它们是现存最大的单一脊椎动物种类。之后，从硬骨鱼中进化出的脊椎动物开始尝试在陆地上定居。

---

① 无柄被囊类动物是最早的脊索动物之一，该组脊索动物反过来又将产生包括鸟类和哺乳动物在内的脊椎动物。尽管被囊类动物与我们的关系比任何无脊椎动物门都要密切，但它们非常简单，一旦结束幼体阶段，就缺乏眼睛、头部和其他感觉器官。

　　青蛙和蝾螈等之所以叫两栖动物，是因为它们部分时间生活在水中，部分时间生活在陆地上。它们最初是像鱼一样的幼体——就青蛙而言，其幼体就是我们所熟知的蝌蚪——然后蜕变成它们的成年形态：重新吸收它们用于游泳的尾巴，长出腿，关闭它们的鳃，并用肺取而代之。这个过程就像是从鱼类到两栖动物的进化在一种动物的一生中被加速完成。起初，一些鱼类可能发展出了像现代的弹涂鱼一样的可以在潮湿的泥浆中移动的能力，以此来获得它们在水中的近亲无法获得的食物来源。随着时间的推移，拥有强健的四肢和无水呼吸能力被证明更有助于生物生存，于是进化选择了这些特征，这导致了两栖动物的出现。但两栖动物仍然与水联系在一起，它们的幼体像鱼一样被产下，它们的卵没有水密层，必须保持浸泡状态，否则就会变干。

　　为了完成向陆地的跳跃，脊椎动物必须进化出防水的、坚固的卵，孵化成适应陆地生活的幼体，这就是爬行动物的开始，爬行动物最终将进化成鸟类和哺乳动物。这也是情况开始变得复杂的地方——这在很大程度上是鸟类的错。

　　从表面上看，鸟类和哺乳动物之间的距离似乎比爬行动物更近。一般来说，它们都有比爬行动物更大的大脑，皮肤上都覆盖着密集的生长物——羽毛和毛皮。最重要的是，它们都是温血动物，而到目前为止我们所提及的其他所有群体，包括所有现存的爬行动物，都是冷血动物。温血性对动物而言是一个巨大的优势，它意味着你可以调节自己的体温，例如通过燃烧食物中的能量来温暖自己，而不是由你周围的空气来决定你的体温。动物体内所有的生物和化学反应过程都依赖于温度。能够通过新陈代谢来保持自身合适的温度，而不是只能迁移到一个温度适宜的地方，这为鸟类和哺乳动物开辟了新的栖息地。

这种相似性可能暗示了一种如图 1-4 所示的脊椎动物树形图，哺乳动物和鸟类一起从爬行动物中进化出来，然后再从彼此中分化出来。如果你依据温血性来建立树形图，那么这个版本是最可能的结果。而如果鸟类和爬行动物的亲缘关系比鸟类和哺乳动物的关系更密切，那么温血性就必须在不同的分支上独立进化两次。进化出一个复杂特征已经非常困难了，要两次进化出同一特征就更难了。因此，一个共同的特征通常是两类生物有一个发生过一次进化的共同祖先的证据。

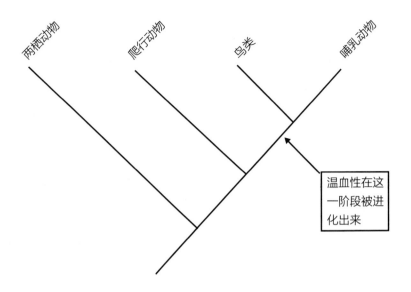

图 1-4 脊椎动物树形图 [1]

但是，正如我们现在所知，温血性确实进化了两次，这将我们引向了关于鸟类的最令人着迷的发现之一。1860 年，一位名叫赫尔曼·冯·迈耶（Hermann von Meyer）的德国古生物学家在石灰岩沉积物中发现了一块羽毛的化石。冯·迈耶利用这根羽毛提出了一个新的属，他称之为始祖鸟——字

———————————

[1] 基于温血性只进化一次的假设，哺乳动物、鸟类和爬行动物可能的（但错误的）种系发展史。

面意思是"老翅膀"或"老羽毛"①。第二年，一具似乎属于一种小型早期鸟类的完整骨架被发现，并被送往伦敦自然历史博物馆。在那里，著名的英国生物学家理查德·欧文爵士（Sir Richard Owen）将其归类为大尾始祖鸟，即冯·迈耶描述的新属的一部分，两者甚至可能是同一物种。

欧文是个难相处的人，但他是一位出色的古生物学家，擅长解析化石，甚至能预见一些要到一个多世纪之后才被证实的进化细节。他还创造了"恐龙"一词。然而，他却是一位喜怒无常、偶尔不诚实的科学家，声称他人的研究都是他的功劳，并不断与达尔文及其支持者托马斯·亨利·赫胥黎（Thomas Henry Huxley）争论，后者则反过来大肆宣传欧文在科学研究中的错误。尽管两人之间互有敌意，达尔文还是在新版的《物种起源》中引用了欧文关于始祖鸟的研究，因为他发现化石的石灰岩沉积物大约有 1.5 亿年的历史，这比人们假设中的鸟类化石要古老得多。事实上，

---

① 始祖鸟化石改变了我们对鸟类的认识，因为科学家最终发现它们其实是在白垩纪（Cretaceous）大灭绝中幸存下来的恐龙。始祖鸟化石显示了早期鸟类的进化阶段特征——拥有骨质的尾巴和带爪子的原始翅膀。

该石灰岩沉积物的年代使始祖鸟成为当时被发现的最早鸟类，且其所生活的时代远远早于达尔文之前认为的鸟类出现的时间。

一些科学家不相信始祖鸟实际上是一种鸟，因为它不像现代鸟类，在它的翅膀尖端仍有爪子，还有一条结实的骨质尾巴，以及非常不像鸟类的牙齿。这使一些生物学家提出，也许羽毛或类似羽毛的东西进化了两次，而始祖鸟其实是一种碰巧有羽毛的爬行动物。它当然不同于典型的鸟类，甚至和鸟类羽毛的排列方式也不尽相同。争议一直存在，直到 20 世纪 10 年代，艺术家出身的丹麦鸟类学家格哈德·海尔曼（Gerhard Heilmann）才解决了这个问题。

海尔曼将始祖鸟和其他鸟类与各种古代爬行动物进行比较，并得出了一个惊人的结论。与始祖鸟最相似的群体，也是鸟类从中进化而来的群体，是兽脚类恐龙——该群体包括霸王龙。始祖鸟是一种鸟，但从某种意义上说，它也是一种有羽毛的爬行动物。它的羽毛只进化了一次，是爬行动物鳞片的一种改良形式。海尔曼的发现一次又一次得到证实，今天我们已经有各种各样的证据可以证明他的发现。在中国出土的恐龙化石上已经发现了早期的羽毛，而且我们现在相信，除了鸟类的祖先之外，许多不同种类的恐龙可能也有羽毛。

因此，我们现在知道鸟类是一种恐龙，一种唯一在小行星撞击和随后导致所有其他物种灭绝的气候变化中幸存下来的恐龙。每一种现代鸟类，从鸡到蜂鸟再到鹰，都是由发展出羽毛并开始飞行的早期兽脚类恐龙进化而来的，所以它们与可怕的霸王龙的关系比它们与任何其他现存动物群体的关系都要密切。霸王龙身上可能也覆盖着羽毛——这在一定程度上破坏了它的大众形象。事实上，科学家研究霸王龙如何行走时采用的方法之一就是在鸡身上安装一条假尾巴[①]。

因此，鸟类是幸存的恐龙，而且有证据表明，恐龙是温血动物，这与现代爬行动物非常不同。那它们与哺乳动物有何相似之处？事实证明，另一组只是恐龙远亲的爬行动物也发现了皮肤上拥有一层保护性和保暖性覆盖物的好处，并通过类似鸟类羽毛的进化过程，从爬行动物的鳞片进化出了毛

---

① 鸟类的恐龙祖先对古生物学家研究其他恐龙的行走方式很有帮助。附在鸡身上的一条按比例缩小的负重尾巴可作为研究霸王龙步态的良好模型。

发。温血性确实进化了两次：一次在包括鸟类在内的恐龙身上，另一次在哺乳动物身上。这两类动物之所以会出现这种相似性，是因为它们的生活方式和承受的压力导致它们从成为温血动物中受益，而不是因为它们的共同祖先已经具备了温血性。

认识到鸟类是恐龙的一个子集，因此也是爬行动物的一个子集，这使我们一直在构建的树形图变得更加复杂，因为正如你在修订后的树形图（图1-5）中看到的那样，如果没有鸟类，爬行动物实际上就不是一个连贯的群体。分类学中的一个重要原则是，你应该能够画一条线来代表一个共同的祖先，并将一个分组定义为这条线"下游"包含的一切物种。因此，在图1-8中，你可以看到两栖动物、哺乳动物甚至鸟类都可以被定义为树形图上所画的定义线"下游"的一切。然而，爬行动物却需要两条线——一条线将它们与其他脊椎动物分开，另一条线阻止它们将鸟类包括在内。如果我们科学家真的要与分类学的这一原则保持一致，那么作为脊椎动物高级分组的"鸟类"或"爬行动物"将必须被去掉，取而代之的分组方法要么是将鸟类变成爬行动物，要么更有可能的是爬行动物分裂成多个分组。

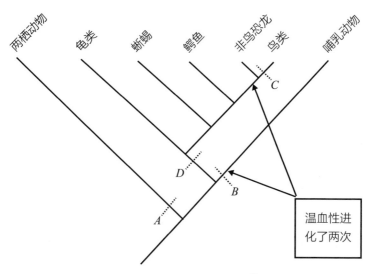

图 1-5　鸟类种系发展史 [①]

不同的动物群体偶尔会对相同的解决方案产生独立的影响，这就是为什么正确的树形图（如图 1-2，在图 1-8 中更加详细）不仅基于特征的相似性——它是遗传相似性的总结，也是我们对物种进化时间和群体分化时间的最佳理解。这一

---

① 正确的鸟类种系发展史表明，温血性在哺乳动物和恐龙身上确实进化了两次。两栖动物（A）、哺乳动物（B）和鸟类（C）都可以用一条虚线来定义，这条虚线包括了图中线条"上方"的一切。爬行动物则需要两条线来定义，它们都是介于自身分支底部的虚线（D）和将鸟类分出来的那条虚线（C）之间的动物。请注意，龟类和蜥蜴的确切位置一直存在一些不确定性——一些研究表明它们的位置应该互换。

点很重要，因为像哺乳动物和恐龙一样，具有非常相似的解剖结构或行为的动物实际上可能是关系非常遥远的远亲。例如，如果你只是根据生理相似性来对动物进行分组，你可能会认为"有眼睛的动物"是一个很好的亚组。有些动物有眼睛，有些动物没有，所以你很容易认为有眼睛的动物之间的关系比它们与没有眼睛的动物之间的关系更加密切。这并不是一个不合理的假设，因为一般来说，复杂特征或结构的进化是非常困难的，需要很长的时间。眼睛是动物拥有的最复杂的身体结构之一，因此，假设眼睛只进化了一次，之后多样化为我们带来了现在在各种动物物种中看到的不同种类的眼睛。乍看之下，这是有道理的。

因此，你创建了一个组，这个组中包括哺乳动物、鸟类、爬行动物、昆虫、章鱼和乌贼、鱼类、甲壳纲动物、大砗磲和箱水母，因为这些动物都有眼睛。这个组中将不包括海星、许多蠕虫、蛤蜊和贻贝这样的软体动物，以及其他水母。现在，你已经可以看到问题所在了。这个组将一些关系密切的动物（鱼类、鸟类、爬行动物和哺乳动物都是脊椎动物）与关系较远的其他动物结合在一起。而且它将关系密切的分组拆开：与昆虫相比，大砗磲确实更接近它们体形较小的无眼近亲，而章鱼和乌贼实际上是软体动物，应该与蛤蜊归为一组，无论蛤蜊有没有眼睛。

产生这个问题的原因与导致鸟类和哺乳动物之间温血相似性的原因相同。这是一种被称为趋同进化的效应。虽然复杂特征的进化发生两次的可能性很低，特别是在亲属关系非常疏远的群体中，但偶尔，一个特定的特征被广泛证明非常有用或必要，也可能会在不止一个群体中独立出现。这就是很多不同的物种都进化出了眼睛的原因。"相机眼"是大多数脊椎动物、章鱼和乌贼等头足类动物，甚至是箱水母共同的眼睛模式。像照相机一样，它可以通过将光线非常密集地聚焦到眼睛后方的一层感光细胞上，收集周围世界的清晰图像。昆虫有复眼，这些复眼具有多个工作方式略有不同的晶状体受体，这能让它们感知形状和颜色，从而获得周围环境的图像。这种能力非常有用，尽管它很复杂。"相机眼"不止独立进化了两次，而是很多次。更广泛地说，眼睛在其所有不同的结构中，已拥有多达 49 个谱系。为了捕获猎物、躲避捕食者和寻找配偶，许多不同的群体对精确的视觉有着相同的需求。为了聚焦以形成图像，它们已经总结出了一个类似的解决方案。这就是趋同进化。

趋同进化一直在发生，这就是为什么我们需要同时使用遗传学和形态学研究来确定动物的关系：如果我们只研究表面的相似性，我们将不断犯错。

即使在不使用遗传学原理的情况下，意识到趋同进化效应也能防止错误。想想座头鲸和海狮①。它们都是已经进化到可以在海洋中生活的哺乳动物，并且失去了腿，宁愿选择用强壮的鳍来推动它们在水中前进。我们知道哺乳动物是在陆地上进化的，所以海洋哺乳动物是陆地哺乳动物重新适应海洋生活方式的一个例子。那么在一开始，你可能会认为一些哺乳动物进化出了鳍和游泳能力，然后分化成鲸和海豚（被称为鲸类的一个分组），以及海豹和海狮（被称为鳍足类的一个组）。但仔细观察后你就会发现，鳍和游泳实际上是趋同进化的结果，而不是上述两个群体的祖先特征。鲸类有一个用于呼吸的呼吸孔，这基本上是鼻孔在进化过程中转移到

---

① 趋同进化可以导致差异极大的不同动物采取看起来相似的解决方案。像座头鲸这样的鲸与河马以及其他有蹄类动物的关系更为密切，而海狮则与狗和熊源自同一祖先。然而，鲸和海狮都失去了陆地哺乳动物的四肢，并长出了强壮的鳍用于游泳。由此可见，它们表面上的解剖学相似性并不是建立海洋哺乳动物种系发展史的可靠依据。

头顶的结果。它们只有一个尾鳍，并且完全失去了腿骨。与此同时，鳍足类动物有一个更传统的哺乳动物的鼻子，脸看起来有点像狗，并且有隐藏的残余腿骨，而许多其他物种的残余腿骨已经进化成带有分叉鳍的尾巴。种种差异揭示了一个事实：与鲸类最相近的陆地亲属是河马，而鳍足类是从犬型亚目（Caniformia，字面意思：像狗一样）进化而来的，与现代熊或黄鼠狼分组的关系最为密切，它们都是狗的近亲（因此它们的脸像狗）。与在陆地上相比，这两个群体都发现向海洋迁移为它们提供了更丰富的食物，而且竞争更少，因此它们在鳍和游泳能力上发生了趋同进化。

这个例子可能给人的印象是，远亲动物之间的相似性不会有很大的科学用处。比如我们了解了海豚尾巴中的骨骼和血管结构，这些信息对于我们了解海豹尾巴的结构几乎是无用的，因为它们是分开进化的，具有不同的细节。这确实是一个局限，这也是为什么当我们在医学研究中要使用动物实验来改进人类医学时，我们会使用哺乳动物（通常是老鼠）。实际上，亲缘关系密切的动物往往具有类似的身体特性，我们可以根据其中一个的工作原理推断出另一个是如何工作的。

但是，由趋同进化产生的相似性告诉了我们一些其他事情。如果两个截然不同的动物群体找到了相同的进化解决方案（尽管它们的解剖学结构和进化背景非常不同），这意味着，它们在历史上曾面临类似的挑战，并找到了应对这些挑战的类似方法，它们共有的这些特征在更普遍的意义上是有用的。

回顾一下本章中的生物树形图，我们会发现，人类和鸟类之间的相似之处就是这种情况。从某种意义上说，包括人类在内的哺乳动物和鸟类是非常接近的。从总体上看，它们都是从爬行动物进化而来的陆栖脊椎动物，彼此之间的距离比它们和鱼类或无脊椎动物等其他类别的动物之间的关系要近得多。尽管如此，它们之间的差异仍然很大。鸟类和哺乳动物的最后一个共同祖先死于3.2亿年前，它没有皮毛或羽毛，本质上是一种冷血的爬行动物。更重要的是，它没有许多趋同进化带来的特征，而这些特征是现在的鸟类和哺乳动物所共有的。

两种哺乳动物之间的共同特征很可能存在于它们的共同祖先身上，这些共同特征可能并没有告诉我们多少信息，这可能只是自然选择从来没有理由去除的一种残留。但如果人类和鸟类具有共同特征，那么这种相似性绝不是偶然的。这意味着这些共同特征是非常成功的进化选择，以至于两组不同的动物都采用了相同的策略。它告诉我们一些关于这些特征的进化背后的"为何"问题。它告诉我们为什么进化会以这样的方式进行，尽管动物们有不同的硬件可以发挥作用，却最终产生了类似的适应性。

然后，我们可以看看不同动物群体历史上的相似之处，从而了解为什么一个共享的进化策略是成功的，并在这个过程中了解为什么我们会成为现在的样子。本书中所有的相似之处都是趋同进化的例子，所有这些例子告诉我们的关于我们自己的信息，和它们告诉我们的关于鸟类的信息一样多。

我们是令人瞩目的哺乳动物，在解剖学甚至行为学方面都与我们的哺乳动物同伴有着很多共同之处。那么，是什么样的差异导致人们希望从鸟类身上发现它们与自己的相似之处呢？

为了了解我们是如何打破哺乳动物模式的，我们必须要考虑什么是标准的哺乳动物。此外，人类和鸟类之间的许多相似之处也可以扩展到其他大型、长寿的哺乳动物身上，包括各种牲畜和富有魅力的大型动物，比如大象和老虎，它们在我们的保护工作中占主导地位。人们很容易把大型、熟悉的动物视为"典型"，但事实上，它们都是非常不寻常的案例，这就是它们出名的原因。典型的哺乳动物不太像牛、大象或鲸，而更像老鼠。

当那颗杀死了几乎所有恐龙的小行星撞击地球时，任何大型动物都注定要灭亡。由于热量和阳光的减少，撞击造成的气候变化极大地减少了食物供应。没有阳光，植物生长就会受到影响，而植物是每个生态系统的基础：如果一种动物不吃植物，那么它就会吃以植物为食的动物。所有可供生命使用的能量都是通过植物的光合作用（或者在某些受限制的情况下，例如在深海中，能量来自熔化的地球内部的热量）获得的。一旦植物减少，大型动物就无法获得足够的能量来继续生存，于是几乎所有的大型物种都会灭绝。

鸟类是小到可以飞行的恐龙的一个子集，它们的体形优势让它们可以在这场灾难中幸存下来，同样得以幸存的还有许多哺乳动物。在恐龙时代，大型哺乳动物没有真正的机会获得成功。生物学家用"生态位"一词来描述一种动物在生态系统中的位置。我们从建筑学中借用了"壁龛"这个词，它在建筑学中指的是用以容纳雕像的拱形凹口，就像你可能在任何一座华丽的教堂里看到的那样。如果我们看到教堂或大学墙壁上有一个空壁龛，就会迫切地想把它填充上，因为它的形状给人一种明显而清晰的感觉，即那里应该有一座雕像。这使它很好地隐喻了在一个生态系统中不同进化策略得以存在的机会。随着动物的进化，进化最成功的动物将是那些偶然发现一种进化策略可以将竞争最小化并将机会最大化的动物。如果一个地区有大量植物和很多以这些植物为食的食草动物，这对任何进化出食肉能力的动物来说都是一个大好机会。这些食草动物的存在意味着有大量高密度的能量在四处游荡，足以让一个大型猫科动物或狼的种群吃饱。生态位就像没有雕像的大教堂壁龛一样，空间就在那里，等待着被填充。

如果已经有很多捕食者以这些食草动物为食，那么新的食肉动物就不会有同样多的机会。另一种食肉动物的加入甚至可能会使生态系统失去平衡，因为这可能会导致食草动物被过度猎杀，从而导致食草动物的种群繁殖规模变小，数量开始螺旋式下降。在这种情况下就没有空缺的生态位。

当大型恐龙还活着的时候，它们几乎占据了大型动物所有的生态位，因此，早期的哺乳动物都是类似啮齿动物的小型食腐动物，这主要是为了避开恐龙。我们今天看到的大型哺乳动物，无论是食肉动物还是食草动物，都是这些早期的小型哺乳动物进化的结果，它们进化的目的是占据恐龙消失和地球从爆炸中恢复过来后留下的空白生态位。

早期的哺乳动物大多是夜行性的。对于那些试图避免成为大型恐龙的点心的弱小哺乳动物来说，等待夜幕的掩护是一个很好的策略。

如今，大多数哺乳动物仍然是夜行性的。生物学家称其为进化的"瓶颈"。为了避免白天出没的捕食者，哺乳动物不得不变成夜行性动物。这确立了哺乳动物的"正常"状态，而在恐龙灭绝之后，任何昼行性的现代哺乳动物都不得不为了日间生活而发展出必要的适应能力。我们人类和许多其他哺乳动物物种现在已经占据了恐龙留下的巨大昼行性生态位，但在世界的生态系统中，小型食腐动物的生存空间要远远大于大型食肉动物或大型食草动物。大多数哺乳动物的体形依然很小，并且一直生活在黑暗中。

夜行性形成了其他哺乳动物的行为规范，这与我们人类不同。夜行性动物无法像昼行性动物那样依赖视觉，所以许多夜行性动物拥有了适应黑暗环境的眼睛：它们更大，因此可以收集更多的光，而且它们往往不优先考虑色觉，因为即使你有一双大眼睛，也无法在黑暗中看清颜色。相反，夜行性物种的眼睛里会有某些受体细胞，这些细胞专门适用于获取尽可能多的形状信息，但无法真正分辨颜色。当一些哺乳动物后来进化成昼行性动物时，这种色盲成了一种挥之不去的局限。几乎所有哺乳动物的眼睛里都只有两种检测颜色的视锥细胞，这意味着它们的色觉非常有限。对狗来说，这意味着它们看不见红色，它们的视力更像看不见红色或绿色的人类。经过证实，只有灵长类动物进化出了第三种检测颜色的视锥细胞，这使我们能够看到五彩缤纷的颜色。

夜行性动物往往非常依赖嗅觉和听觉而不是视觉，现代哺乳动物仍然有灵敏的鼻子和耳朵来弥补它们的色盲缺陷。同样，我们的宠物狗就是一个很好的例子。狗可能看不清一样东西，但它肯定能在我们之前很久就先听到和闻到某个事物。狗从它的夜行性祖先狼那里继承了糟糕的视力，但也保留了这位祖先的良好听力和出色嗅觉来弥补这一不足。

我们灵长类动物是个例外，我们进化出了第三种检测颜色的视锥细胞，并将我们的生存策略转变为主要以视觉为中心。通过这么做，我们变得更像鸟类。由于鸟类是从一种凶猛的掠食性恐龙子集进化而来的，所以它们一开始就是昼行性的动物，不需要躲藏在黑暗中。因此，几乎所有现代鸟类都是昼行性的，而少数非昼行性的鸟类，如许多猫头鹰物种，已经专门为适应夜间生活进行了进化（并有与之相适应的大眼睛）。所有的昼行性鸟类物种都能在其整个进化史中很好地利用色觉——正因如此，鸟类拥有的视锥细胞不是三种而是四种，它们不仅能够看到我们能看到的所有颜色，还要再加上紫外线。鸟类非常依赖视觉，并通过视觉来收集关于周围世界的大部分信息。在灵长类动物进化之前，没有任何一种哺乳动物像鸟类那样依赖视觉。

鸟类同样拥有非常出色的听觉，毕竟，它们确实会进行对唱，特别是在交配季节。而且它们的嗅觉也不差，但与哺乳动物相比，它们更多利用视觉来进行交流和了解周围的世界。交配舞蹈、摇头晃脑和其他展示行为构成了鸟类互动方式中的很大一部分。灵长类动物在进化出额外的视锥细胞后就改用了与鸟类相似的感觉。我们的大脑分配了更多的神经元来处理视觉（这是一项需要大量计算能力的任务），而分配给嗅觉和听觉的神经元则较少，这使我们变得不太像我们那些哺乳动物伙伴，而更像鸟类。我们也开始更多地使用视觉交流。虽然我们人类拥有以声音和听觉为基础的高度发达的语言，但这在其他灵长类动物中并不十分常见。黑猩猩和其他猿类主要通过面部动作和其他肢体动作（视觉交流形式）进行交流。当人类试图与猿类进行交流时，就像对著名的大猩猩可可（Koko）那样，我们教会了它手语。通过趋同进化，人类和所有灵长类动物在睡眠模式和感官方面都变得更像鸟类。

这只是人类通过比其他哺乳动物更像鸟类的生存模式而获得成功的众多案例中的第一例。在恐龙灭绝的几百万年之后，体形更大、更活跃、视力更好的昼行性哺乳动物的生态位逐渐打开。但鸟类早就已经这样生活了，它们抢占了先机，提早发现了我们后来发现的生存策略，并将它们发挥到极致。在某些情况下，它们比我们做得更好。这种情况一再发生，而且不仅仅是发生在人类和鸟类身上。

然而，人类已经在四个意义深远的方面与哺乳动物分道扬镳，成为没有羽毛的鸟类了。我们的寿命、我们的繁殖能力、我们的大脑以及我们的社会生活和交流，都远比其他哺乳动物更像鸟类。这些案例中的每一个都强调了一种特定的方式，即成为人类需要我们彻底偏离我们哺乳动物祖先的生存策略，并通过趋同进化"复制"那些先于我们出现的鸟类

的生存策略。每一个案例都需要仔细观察，以便了解我们已

经变得多么像鸟类。与鸟类的趋同进化是我们最终成为人类

的强大力量。

第二章

幸福长寿的
一生

我们花了大量时间来思考人类的死亡。每一种艺术形式都痴迷于这样一个事实：我们最终会死亡，而且几乎都会比我们希望的更早。与此同时，科学和医学都将学科的大部分资源用于延长人类的寿命和抗击各种疾病和病原体，因为正是这些疾病和病原体使我们的寿命缩短，生活变得不愉快。在我最初开始研究鸟类时，每当我向旁人描述我的工作时，从非科学家那里得到最多的老生常谈是充满讽刺性的调侃："这将如何治愈癌症？"我们的生命是脆弱和有限的，我们认为生命短暂，并为此而哀叹不已。

但我们的生命其实并不短暂——至少从动物的标准来看不是。2015 年，联合国公布的全球人类预期寿命为 70.5 岁。女性的寿命往往比男性更长一些，所以她们的预期寿命为72.6 岁，而男性的预期寿命为 68.3 岁。与地球或宇宙甚至人类历史的规模相比，这似乎短得可怜——因此我们产生了这么多歌颂生命的诗歌——但它其实已经很接近脊椎动物预期寿命的上限了。

我们往往不把我们的长寿归因于人类自身的特殊性，而

是归因于现代医学让我们"不自然"地活了很长时间（不管
这意味着什么）。在过去的一个世纪里，我们的预期寿命确实
大大提高了。1900 年的世界平均寿命水平只有大约 30 岁。但
这并不意味着成年人的平均寿命在 100 年内延长了一倍或两
倍。平均寿命的变化在很大程度上是婴儿和儿童死亡人数的
下降造成的。在历史的大部分时间里，人类生命中最危险的
一段时间是婴儿期和儿童期这一最早期阶段。在这一阶段，
出生时的并发症和脆弱年龄段的疾病会导致大量儿童死亡。
当相当大一部分新生儿在出生时或出生后不久死亡时，整个
群体的平均预期寿命就要短得多，但这是由于那些夭折的生
命拉低了平均寿命。即使在古代，一个能够活过青春期的人
就有相当大的机会活到一个比较大的年龄。在古罗马，婴儿
的预期寿命只有 20~30 岁，但对于一个活到 10 岁的孩子来说，
他的预期寿命上升到了将近 50 岁。和许多动物一样，非常年
幼的婴儿的存活率非常低，但那些活下来的婴儿往往可以活
得更久。现代医学显著提高了我们的预期寿命，但这在很大
程度上是因为现代医学降低了婴儿和儿童的死亡率，尤其是应
该归功于更好的产后护理技术和疫苗技术以及其他技术改进。

即使是活到 50 岁的古罗马人，其死亡年龄还是比今天

健康的成年人平均少了 20 岁，但对动物来说，特别是对哺乳动物来说，人类的寿命之长还是令它们羡慕。我们非常清楚，大多数哺乳动物的寿命都不如我们人类长。我们以最痛苦的方式通过我们的狗（我们最了解的动物）了解到这一点。狗是我们最早驯养的动物，它们被驯养的时间比其他任何动物都要长，它们能够与它们的人类主人相互理解和交流。在为了获得食物或劳动力而驯养动物之前，我们驯养了这个朋友，而这个朋友的寿命最长可能只能达到人类寿命的四分之一到五分之一。可证实的犬类年龄纪录保持者是一只名叫布鲁伊（Bluey）的澳大利亚牧牛犬，它于 1939 年去世。它去世时 29 岁，比大多数狗能达到的年龄高出一倍多。澳大利亚牧牛犬是一个长寿的犬种，但这只意味着它们的平均寿命比大多数其他犬种要长约一年——略高于 13 岁。但布鲁伊是个例外，我想它的主人应该会很感激它。如果他是个古罗马人，那么他可以在整个成年期都和这个朋友为伴。

大多数其他哺乳动物的寿命同样很短，甚至更短。判断一个物种是否长寿的一个理想指标是"最大寿命"，即该物种已知最年长成员死亡时的年龄。布鲁伊的纪录意味着狗的最长寿命是 29 岁。而对于我们人类来说，这个数字可能存在很多争论，因为有很多非常长寿的人声称自己活到了很高的年龄。《吉尼斯世界纪录》一直受到这些说法的困扰，并且曾在其关于最长寿人类的章节开头警告说，该主题被"虚荣、欺骗、虚假和蓄意欺诈"所玷污。并非每一种说法都如此有争议。虽然有一些人宣称自己的年龄高达129岁，但由多份真实文件支持的、可进行核实的最长寿命纪录是122岁。让娜·路易丝·卡尔芒（Jeanne Louise Calment）于1875年出生在法国阿尔勒，于1997年在法国阿尔勒去世。她声称自己从未生过病，从21岁到117岁，她每天饭后最多抽两根烟，当时她大概认为是时候开始认真对待健康问题了。她喜欢在茶中加威士忌。她还喜欢受到关注，喜欢公开露面，直到她去世的那一年。她的纪录意味着到目前而言，人类的最长寿命是122岁。

* * *

人类衰老基因组资源组织维护着关于动物衰老和长寿的数据库，该数据库收录了许多物种的类似纪录。它只包括经广泛确认的纪录，因此一些年代非常久远且数据不太完善的案例被排除在外（这其中包括可怜的布鲁伊）。动物衰老和长寿数据库使我们得以通过汇编每个物种最年长的、证据充分的纪录来比较成千上万个不同物种的寿命。鉴于围绕最年长人类的纪录存在"虚荣、欺骗、虚假和蓄意欺诈"，我们可以预期，也会有许多类似的动物（特别是那些我们喜欢当作宠物来喂养的动物）纪录无法被核实，所以动物衰老和长寿数据库使我们得以将我们的比较限制在那些已经得到多份文件严格核实的案例中。这样做让我们对动物的衰老和长寿有了更清晰的认识。

我们凭直觉就知道，体形非常小的动物往往不如更大型的动物长寿，事实上，动物衰老和长寿数据库中寿命最短的三种哺乳动物是三种不同的鼩鼱——它们的最长寿命也才刚刚超过 2 年。家鼠和褐鼠的最长寿命约为 4 年，各种沙鼠、田鼠和仓鼠的寿命都在 3~7 年。有袋类动物的寿命往往稍短于胎盘类动物，所以沙袋鼠的最大寿命与鼹鼠、野兔和臭鼬一样，为 10~12 年。绝大多数有记录的哺乳动物的最长寿命都在 30 岁以下，骆驼、鹿和家猫处于这个范围的顶端。马（57 岁）、河马（61 岁）、大象（65 岁）和儒艮（73 岁）是为数不多的例外。在长寿方面排名前十位的哺乳动物物种都能活到 74 岁及以上，而除一个物种之外，其他都是鲸类。

人类正是这个例外，我们在名单上排名第二，仅次于弓头鲸。有一头弓头鲸被证实活到了 211 岁，成为所有纪录中最长寿的哺乳动物。人类以 122 岁排在第二位，之后是 114 岁的长须鲸和 110 岁的蓝鲸。没有其他动物能活到 100 岁。虽然弓头鲸的寿命几乎是我们的两倍，但我们仍然是最长寿的哺乳动物名单上的佼佼者。榜单上名列前茅的其他动物的体形都很庞大——鲸、大象、河马，它们的体形都远大过我们，而且它们之间都没有特别密切的关系。下一个上榜的灵长类动物是排名第 22 位的大猩猩，尽管它们的体形是我们的两倍或更大，但其最长寿命为 60 岁，还不到我们的一半。对于哺乳动物来说，体形大小往往与寿命呈正相关，而我们人类在这个本来很平顺的趋势中作为一个主要的例外脱颖而出。黑猩猩，作为和我们最相近的近亲，在榜单上排名第 25 位，寿命为 59 岁。它们的体形仍然要比普通人类大一点，所以我们的表现已经很好了，相对于我们的近亲和我们的体形来说，我们的年龄几乎翻了一番。

鸟类则略有不同。在榜单底端的是一些体形娇小的鸟类物种，如莺和蜂鸟，寿命为 2~5 岁。鸟类的年龄与体形的相关性不太容易预测，所以有一些短寿的大型物种，如斑鱼狗①。这个主要生活在非洲的物种长约 25 厘米，所以不算是一种体形娇小的鸟类，但它的寿命只有 4 岁左右。尽管如此，斑鱼狗还是与众不同的。大多数鸟类的寿命都会远远超过体形相似的哺乳动物，特别是与它们体重相近的哺乳动物。

　　疣鼻天鹅就是一个很好的例子，这种美丽的鸟常见于欧洲的水域。疣鼻天鹅是最重的飞禽之一，而且它也是寿命最长的物种之一（同样，体重与寿命的相关性对鸟类来说虽然不像哺乳动物那样清晰，但仍然有效）。最重的疣鼻天鹅可达 15 千克，但更常见的体重约为 10 千克。这使它的体重与蜜獾相似，蜜獾是一种就其体形与寿命的相关性而言特别长寿的哺乳动物。蜜獾的最长寿命约为 30 岁。另一种更典型的约 10 千克重的哺乳动物是丛林猫，其最长寿命约为 20 岁。与此同时，疣鼻天鹅的最长寿命是 70 岁，是与它体形相似的哺乳动物的两到三倍以上。有人可能会提出这样的论点，即应该根据体形而不是重量来进行比较，因为鸟类的身体比哺乳动物要轻得多，但即便如此，每一种寿命超过 50 岁的哺乳动物

---

① 斑鱼狗：是翠鸟科、鱼狗属的中型鸟类，体长 25~31 厘米。——编者注

的体形都要比天鹅大得多。

天鹅也是一种与众不同的鸟类——不仅从它的寿命角度来说，而且从它的体形角度来说也是。仅有的比天鹅更大的鸟类是不会飞的，而且非常罕见。平胸鸟类这一包括鸵鸟和鸸鹋在内的鸟类分组是体重最重，也是最古老的鸟类分支，它们最早从其他群体中分化出来。帝企鹅也比天鹅重，而且也不会飞。正如我们将要看到的那样，不会飞和进化上的不寻常在一定程度上使事情发生了变化。因此，天鹅几乎是体形最大的"标准鸟"。

其他长寿的鸟类则要小得多，无论是按重量还是按体形来说，它们都可以和哺乳动物相媲美，但寿命却比哺乳动物长得多。如小型狐猴或狨猴，它们通常活不过 20 岁。而体形和重量与它们相似的米切氏凤头鹦鹉却是最长寿鸟类的纪录保持者，它的寿命为 83 岁——具体来说，这是芝加哥布鲁克菲尔德动物园中一只名叫"饼干"的凤头鹦鹉，它于 2016 年去世。算上所有羽毛，米切氏凤头鹦鹉长到最大时的体长不到半米，重约半千克。相比之下，按最长寿命来进行换算，最接近米切氏凤头鹦鹉的哺乳动物是 85 岁的贝氏喙鲸。贝氏喙鲸的体长超过 22 只米切氏凤头鹦鹉的长度（11.1 米），重量相当于大约 22000 只凤头鹦鹉（11000 千克）。由此可见，鸟类的寿命比与它们体形相当的或更大的哺乳动物要长得多。

动物衰老和长寿数据库列出了 23 种最长寿命超过 50 岁的鸟类，其中大多数与米切氏凤头鹦鹉的体形相似，如渡鸦（69 岁）或黄冠亚马孙鹦鹉（56 岁）——还有一些较重的鸟类体形看起来更像天鹅——美洲白鹈鹕（54 岁）和安第斯秃鹰（79 岁）。名单上只有一种鸟是真正的重物——普通鸵鸟，对于它 115 千克的体重而言，它几乎无法达到 50 岁的最长寿命。对于寿命超过 50 岁的哺乳动物来说，除三种以外，其他的体形都很庞大，重达数百千克。最小的是婆罗洲长臂猿（60 岁），其体重约为 8 千克，是一个引人注目的异类，而贝加尔海豹（56 岁）的体重为 60~70 千克，接下来是人类（肥胖流行病患者除外）。

人类（以及婆罗洲长臂猿）似乎并不符合哺乳动物的体重和体形与寿命正相关的模式。从我们的体重和体形来看，人类不应该在长寿榜单上名列前茅。即使我们的寿命在没有大量医学辅助的情况下为 60 岁左右，但我们的体形仍然比与我们自然寿命相似的任何哺乳动物要小得多。然而，如果人类是一种鸟类，那么我们就会更加符合该模式。凭借 122 岁的最大年龄，我们将是榜单中最长寿和第二重的鸟类。我们比非常轻的鹦鹉要重得多，比中等体重的天鹅和秃鹰要重近一个数量级，但我们和它们的重量差距比不上在哺乳动物名单中鲸和大象比我们重的那好几个数量级。鸟类的寿命很长，我们也一样。

一些非常娇小的鸟类也是如此。小小的鹦鹉只有几克重，却可以活过 20 岁——是体重与之相似的鼩鼱的寿命的 10 倍。绿头鸭也能活到 25 岁左右，而体重不到 30 克的小海燕甚至可以活到 30 岁以上。这就是宠物鸟可以得到人们更长时间照顾的原因。如果一个孩子想要一只鹦鹉，习惯花 3~4 年的时间照顾类似大小的仓鼠或沙鼠的父母可能会给他一只虎皮鹦鹉。虎皮鹦鹉并不是一种特别长寿的鸟类，但其寿命可以很轻松达到沙鼠的三倍，活到 10 岁左右。

动物衰老和长寿数据库中的数据很严谨，它只记录可以得到验证的年龄声明，但相当可靠的报告显示，金刚鹦鹉的寿命超过了 100 岁。查理（Charlie）是一只雌性蓝黄金刚鹦鹉，生活在英格兰南部的一个花园中心。据称它于 1899 年被孵化出来，因此推断它的年龄可能超过了 120 岁。它在派对上的拿手好戏是尖声喊出振奋人心的口号，这让它的主人声称它曾经为温斯顿·丘吉尔所有。温斯顿·丘吉尔的财产管理方否认了这一点，但它已经足够年长了，这是一个更吸引人的故事。

我们的长寿，特别是与我们的体形相比，使我们完全处于鸟类的行列中，并使我们在哺乳动物中显得与众不同。但这是为什么呢？为什么我们能活这么久，即使在没有现代医学帮助的情况下？相对于鸟类的体形，鸟类的寿命为什么更长？答案很复杂，但归根结底是因为人类和鸟类都有一种超级适应能力，这种适应能力改变了进化游戏，使我们生存和蓬勃发展的时间比其他动物更长。这种适应能力使我们每个人都成了一种极端版本的动物。这种超级适应能力在每种情况下都是不同的，却使我们走向了相似的进化结果。

* * *

当我还是个孩子的时候，我清楚地记得我在父亲的车里听过一些愚蠢的广播节目。那是一种属于早晨通勤者的娱乐，内容是两个家伙开了几个小时的玩笑。他们在争论蝙蝠侠和超人谁才是更胜一筹的超级英雄。蝙蝠侠的拥护者首先发言，他对蝙蝠侠的高尚行为做了长篇大论的论证——一个身体普

通的人，没有超能力或外星球赋予的天赋，通过训练来提升
自己，发明了成为超级英雄所需的装备，并将父母双亡带来
的悲伤转化为铲除世间邪恶的动力。经过几分钟的论述，他
的情绪飙升到了顶点——蝙蝠侠是一个按照自身条件行事的
英雄，一个选择成为英雄的英雄，而不是简单地通过接受遗
传和超自然的优势成为英雄。

"蝙蝠侠得分。"裁判员说。

超人的拥护者对此的回答是："超人会飞。"

"超人得分。"裁判员说。

鸟类会飞。关于鸟类，我们没有比这更精练的定义方法
了（即使有一些说法并不正确）。绝大多数鸟类都会飞，这是
一种改变了游戏规则的适应，使它们的进化历程立即不同于
任何陆生动物。鸟类因此成为进化中的超人，这一点也体现
在它们的长寿上。

除了它们普遍较小的体形，飞行也是鸟类能够经受住大
规模灭绝的主要原因之一，这场灭绝消灭了它们的其他恐龙
亲戚。在这种情况下，飞行的用处非常直观，它使鸟类更难
被捕捉和杀死，因此，它们自然会生存得更好。这是一个从
原因到结果的极其简单的逻辑链，它的显性意味着，飞行是

一个奇迹，是一个改变游戏规则的因素。

　　同样，我们没有充分考虑行走是一种多么不同寻常的能力。通常情况下，人类与其他典型生命形式的互动影响着我们对生物世界中何为"正常"的理解。大多数人与非人类生命的互动完全是由植物和动物主导的，特别是那些足够高大和适应能力足够强的，可以生活在我们的城市和郊区的植物和动物。罕见的蘑菇、霉菌或酵母菌偶尔客串，不时也会出现真菌的戏份，尽管我怀疑对大多数人来说，这样的想法并不十分令人兴奋：你的比萨上的牛肝菌构成了一个令人兴奋的第三生命王国并入侵了你的生活。（一块戈尔贡佐拉干酪配上蘑菇比萨，再加上它的酵母面团——这才是令人兴奋的真菌的三重威胁！）此外，因为我们是动物，所以对运动和活动有敏锐的感知，而植物尽管数量众多，但它们只是形成了一种环境背景。我们真正欣赏并外出寻找的"大自然"其实还是动物。我们喜欢看着一棵庄严的老树，但当我们穿过一片山林时，使徒步旅行变得激动人心的瞬间往往是瞥见了一只鹿，而不是看着成千上万棵宏伟的树木——我们理所当然地把这些树看作环境的一部分。

　　鹿和树，就像灵长类和鸟类一样，拥有一个共同的祖先，并且拥有相关的生命形式。它们的这个共同祖先比灵长类和鸟类的共同祖先要久远得多，我们必须追溯到大约 16 亿年前，才能找到我们与植物的最后一个共同祖先，这个生物体还不是植物也不是动物，而是一个单细胞。从这个细胞最终将进化出树和鹿，现在它们是如此不同，以至于我们很难想到它们之间可能存在联系。但它们确实存在联系，而且它们之间的巨大差异在很大程度上是由鹿的不断进化造成的。因为与树不同，鹿拥有移动的天赋。

移动是动物的特殊习性。具体来说，就是整个生物体从一个地方移动到另一个地方。一大批植物和其他生物体已经进化出巧妙的替代方法，使生物体的一部分发生了相对于自己的移动。最著名的例子是捕蝇草，这是一个绝佳的例子，当一只毫无戒备心的苍蝇靠近它时，它快速的猛咬动作诡异得就像它是一种动物。然而，整个生物体的实质性移动实际上是动物独有的。虽然许多微生物会四处"移动"（通过摆动被称为纤毛的微小毛发或被称为鞭毛的鞭状尾巴来推动自己前进），但它们在整个生命周期内基本上是在同一个地方移动。移动速度最快的是一种被称为卵杆菌的细菌，它可以以每秒 1 毫米的速度快速移动，但它也只能在发现它的海洋沉积物中生存和死亡。像卵杆菌这样的微生物确实会移动，但也基本上只能停留在同一个地方。只有动物拥有高度的运动性，它们生活在有意识的运动中，可以在一个地方生活，在另一个地方捕食，或随着季节进行迁移，或跨越数千米去寻找食物。

如果你把每个活着的生物体都看作一个漫长的、高度受控、高度复杂的化学反应，那么"不运动"似乎就是事物的自然过程。当成千上万种必要的化学试剂结合在一起时，一棵树就能从土壤中生长出来，就像一种复杂的盐晶体在岩石上的生长一样。所有生物本质上都是随着时间的推移而成长变化的化学反应，当我们这样想时，大多数生物没有动物那样的高度运动性也就可以理解了。化学反应开始了，它在有足够养料和资源的情况下进行，最后结束并停止反应——树木死亡。一个生物体想要移动（无论是鹿，还是细菌），就需要彻底改变化学反应通常发生的方式：反应必须变得自给自足、脱离环境、建立自己的系统，用于在没有根部等固定结构的情况下吸收营养物质，并自行建立推动自己的工具（如鹿的腿、细菌的鞭毛）。树的情况则要简单得多，它把根部扎进营养源（在这种情境下是土壤）里，然后在同一个地点度过余生。最早的生命可能是一种简单的外层膜，里面装着化学成分，这些化学成分在"原始汤"①中漫无目的地快速来回移动，营养物质不时地冲入其中。能进行定向地、广泛地、有目的地移动是一个重大的进化创新，根本不是事物的原有或正常状态。

动物发展出有目的、广泛的运动能力是我们与其他类型的生物如此不同的部分原因。所有这些运动都需要大量的能量，因此动物往往通过吃掉其他生命体（通常是植物或其他动物）的方式来获得高度集中的能量储备。所有这些运动都需要进行协调，因此我们不得不发展出大脑和神经系统，使我们的身体能有条不紊地运转。移动是一个巨大而复杂的化学反应，还意味着你需要能够携带化学物质储备，并且以有组织的方式输入更多的营养物质，因此我们发展出了许多器官和器官系统（这些都非常复杂），以管理维持化学反应（即活着）所需的后勤工作。

就其本身而言，运动是一种改变游戏规则的适应，而且

---

① 20世纪50年代，许多研究人员认为生命起源于富含碳基化学物质的海洋，并将海洋称为"原始汤"。——译者注

是一种需要巨大转变才能完成的适应。这些转变是值得的，因为运动给动物带来了静止的植物所不具备的各种优势。最显而易见的是，动物可以远离捕食者，走向食物来源，而植物则做不到这两点，它的种子扎根的地方是否会降下足够的雨水，或者它是否可以生长得足够快或隐藏得足够好，以阻止饥饿的食草动物前来将它啃食殆尽，这些都只能听天由命。

因此，移动的好处如此巨大，值得进化在这方面进行投资和努力。那么，为什么飞行（只是另一种形式的移动）会成为鸟类的优势呢？

其中很大一部分原因是飞行本身是一种很罕见的能力。动物出现在海洋中，最终发展出在陆地上生活的能力，之后才能开始获得可用于飞行的适应能力。从进化角度来说，飞行是非常困难的。一个生物体需要进行强大的改造才能飞行。你必须非常轻，但同时必须有强大的肌肉组织，以产生必要的升力。你还需要有快速判断能力和协调能力以便在飞行时控制自己，而且你需要进化出一种新的肢体——翅膀——这是专门为这项能力设计的肢体。所有这些都意味着，与不会飞的脊椎动物相比，会飞的脊椎动物（如鸟类和蝙蝠）非常罕见。为了飞行，你必须恰到好处地处理许多变量，没有多少动物群体能够做到这一点。

动物越大，其飞行的难度也会越大。昆虫拥有飞行能力一点也不令人意外——几乎所有昆虫都有翅膀，而且几乎所有昆虫都会飞，但它们的体形较小，这意味着飞行对它们来说要比对鸟类和哺乳动物更容易。动物越重，它保持身体轻盈和有足够的力量来提供升力之间的平衡就越难，这就是为什么最重的飞行动物天鹅的体重为 10 千克左右，而最重的不会飞的动物蓝鲸的体重可达 14 万千克。

这种进化的结果是，虽然任何移动都会令生物体更难被捕捉和杀死，但飞行使它们躲避危险的能力与其他类型的移动处于完全不同的级别。在大多数情况下，地面捕食者会发现，捕捉飞行生物要比捕捉其他陆地生物困难得多，因此，在大多数情况下，它们会默认选择更容易捕捉的猎物。与此同时，空中的捕食者相当罕见，这既是因为飞行本身很罕见，也是因为体形问题：一只大到足以吃掉飞行动物的动物将很难具备飞行能力。会飞的动物很罕见，而会飞的大型动物则更罕见，因此，飞行可以让你远离那些想要杀死你的饥肠辘辘的大型动物。

然而，飞行的优势不止于此。我们很容易知道飞行是如何能使动物个体活得更久的。把一只老鼠和一只麻雀同时放在一个有一只饿猫的房间里，在这种情况下，麻雀可能会活得更久。和猫一样，老鼠被限制在地面上，所以它不会在这个世界上活太久，而麻雀如果有足够的食物供应，就很可能比猫活得久。但躲避捕食者并不是飞行使鸟类活得更久的唯一原因。如果你把老鼠和麻雀同时留在一个没猫，但有足够多食物的房间里，麻雀仍然很有可能比老鼠活得更久。

动物衰老和长寿数据库报告的最长寿命通常来自那些未被其他动物猎杀身亡的动物。在不同物种最长寿的代表中，有许多是动物园中的样本、宠物、家养牲畜或生活在保护区的动物，一般来说，它们不会被吃掉或死于传染病。用生物学家不喜欢的一句话来说，它们死于"年迈"。生物学家不喜欢这个词语，因为它实际上没有任何意义。什么是"年迈"？为什么30岁对于一只狗来说是不可思议的年老，而对于一个人来说却是年轻而有活力的？为什么年迈会杀死一只动物？你已经知道了第二个问题的答案，死于年迈并非是某个动物真正的死因，动物通常是死于某种疾病，例如一片心脏瓣膜的磨损，或一个肾脏的衰竭，或其他一些器官的崩溃，以及使你存活的交织在一起的复杂系统停止了工作。"年迈"

仅仅意味着身体内部系统的某些部分在生理上已经不堪重负，并且崩溃了，即以一种恰好没有被我们的医学赋予明确疾病名称的方式垮掉。这一点，或者是许多生物体的默认杀手：某种未被诊断出来的癌症，悉达多·穆克吉（Siddhartha Mukherjee）在他的书籍《癌症传：众病之王》（*The Emperor of All Maladies: A Biography of Cancer*）中用诗意而尖锐的语言称癌症为"众病之王"。

保持长寿纪录的动物是那些一直活到该物种的生物系统不可避免地瓦解的动物。它们之所以会死亡，是因为身体内部的某种东西有一天停止了工作，那通常是我们无法完全确定的东西。为一只麻雀和一只老鼠提供完美的饮食和没有捕食者的干净健康的生活空间，它们就会持续活下去，直到它们的器官完全停止工作。不同的是，老鼠大概会在 4 岁时倒下，而麻雀则很有可能会活到 10 岁，甚至 15 岁或者更久。这种差异似乎与捕食者无关，因为在这个理想的实验中，我们假设根本没有捕食者。然而，麻雀的飞行能力和麻雀更长的寿命密切相关。

你可能注意到了关于"年迈"的推理过程中存在的一个问题。是的，年迈本身确实不会杀死任何生物体，而是其自身的器官随着时间的推移出现了故障，但这仍然没有回答一个基本问题：为什么器官会出现故障？为什么人的器官的工作年限比狗的长，而麻雀的又比老鼠的长？器官究竟为什么会出现故障？人体可以在 25 岁时修复皮肤并保持皮肤的弹性，但为什么到了 85 岁时皮肤就会出现皱纹，而且修复速度也会减慢？

动物的身体拥有惊人的自我修复能力。我们的骨骼会愈合、皮肤会自我修复、瘀伤会消失，肝脏等一些器官甚至可以在大部分被破坏或切除后重新生长。我们身体的修复过程一直在努力使我们的器官和身体系统得到更新和从损害中恢复，以至于对人类来说，每 10 年到 15 年，几乎我们的所有细胞都会一点一点地被替换。（也有例外：我们的大部分神经元、眼部的一些细胞和牙釉质会伴随我们一生。）由于这些修复系统的存在，以及我们的大多数细胞被定期替换的事实，我们的器官最终会崩溃似乎有点奇怪。我们有多种工具来修复自己，所以在理论上，有人可能会认为我们可以永远修复和替换自己的身体器官和细胞。然而，不幸的是，由于两个不同但相关的原因，这往往行不通。

第一个原因很容易理解。所有生物体都有一项非常重要的工作：维持内环境稳定。内环境稳定一词源自希腊语，意思是"保持不变"，维持内环境稳定是维持生物生存的最重要部分之一。当生物学家使用这个术语时，他们往往用它来指代保持一个生物体健康和繁荣必须控制的所有不同因素：身体组织的 pH、化学物质的平衡、器官的功能，以及无数其他必须保持平衡和发挥作用的因素。这一切都需要大量的能量，而身体为自身各个系统提供了能量，让系统能够工作，比如纠正 pH 或保持体内温度等。通常情况下，当错误出现时，身体可以消耗一点能量来纠正错误。随着我们年龄的增长，身体会出现更多问题，一系列特定的问题会导致身体出现无法修复的情况。一个非常简单的例子就是愈合伤口。通常情况下，如果你被割伤，身体会消耗一些资源来修复伤口，然后一切都会恢复正常。但如果你的血液变得稀少或血小板（帮助伤口愈合的细胞）数量减少，那么这个问题加上新伤口的问题将使伤口愈合变得更加困难。随着我们的年龄增长，各种问题会在同一时间以新的组合方式出现，最终，使我们身体处于内环境稳定状态的复杂系统网络将会失效。内环境稳定状态结束，或者换句话说，我们将会死亡。

我们无法永远保持自我修复的第二个原因是，随着我们年龄的增长，各种身体问题会来得更快，组合形式也会更多。为了在体内创造新的细胞，我们的细胞必须进行繁殖，分裂成新的细胞。细胞每次这样做，细胞核中控制细胞并包含所有细胞行为指令的 DNA 就会变短一点。其中的原因有点复杂，简单地说就是 DNA 将遗传信息编码为一系列含氮碱基——四种不同种类的分子（缩写为 A、C、G 和 T），它们连在一起形成了 DNA 链。当 DNA 被复制时，复制 DNA 的酶（DNA 聚合酶）以及其他形成复制机制的酶需要抓住现有的 DNA 链，以进行复制。然后，这些酶像扫描仪一样沿着 DNA 运行，同时读取 DNA 的碱基并将其复制到新的 DNA 链上。不幸的是，这些酶无法复制它们第一次抓到的那部分。该部分只有几个碱基长，通常位于 DNA 链的一端，于是在每次 DNA 被复制时，DNA 链都会失去位于一端的那一点 DNA。

我们已经进化出了一种解决该问题的办法，它被称为端粒。端粒会在 DNA 上形成一个长度为几百个碱基的"帽子"，这个"帽子"不对任何细胞行为进行编码——它只是额外的 DNA，它的存在是为了弥补每次 DNA 复制时的"损失"。因此，我们没有失去重要基因的一部分，而仅是每次都失去一点端粒。然而，最终在经历了足够多次的细胞分裂之后，端粒被完全耗尽，DNA 的重要部分开始随着每次分裂而变短。细胞基因的受损导致细胞的工作效力降低。随着时间的推移，越来越多的人体细胞达到端粒磨损的程度并开始出现故障，一个人就会出现越来越多的问题，而这些问题将破坏他的内环境稳定状态。

因此，各种因素的组合，包括细胞分裂的速度、端粒的长度，以及动物自身的损耗程度，将最终决定动物在自身机体垮掉之前能活多久。然而，为什么这些因素在不同物种之间有如此大的差异？如果每个物种都有一个缓慢的细胞分裂周期、很长的端粒和出色的修复系统，它们就可以尽可能长时间地存活，这不是很有意义吗？为什么麻雀能比老鼠更长久地维持自身的内环境稳定状态？

让我们回想一下生命的起源和最早的生物体，它们是在原始汤中进行复制的单细胞，甚至不完全是细胞。与现代生命相比，它们并不是十分复杂，而且在大多数情况下，它们的寿命并不是很长，我们也很难定义一个无性单细胞生物体的"寿命"到底有多长。毕竟，当它繁殖时，它分裂成了两个子细胞，而最初的细胞消失了。繁殖是一种死亡，根据对死亡的定义，你只能死亡一次。这里有一个更深层次的哲学问题，它实际上触及了进化生物学的核心，也就是说，如果你通过一分为二的方式来创造后代，那么它们是否真的是一个独立于你的生物体？而你是否真的死过？但让我们暂且把这个问题放在一边，就我们的目的而言，这里要注意的重点是，地球上生命的默认起始状态的寿命很短暂，且只有一个繁殖周期。

这是所有后来出现的生物体的起点。进化不是一种有先见之明的力量，它无法预测什么工具和能力对一个生物体的进化来说可能是件好事。自然选择只允许进化最成功的生物体存活下来，而让其他生物体死去。这意味着，如果一个生物体的起点是只有一次繁殖机会的短暂一生，那么自然选择和进化的力量在大多数情况下都会坚持这种模式，并产生越来越擅于充分利用其短暂一生的生物体，从而在这一次的繁殖中产生尽可能多的后代。

为了使自然选择导致的这一模式发生根本性的改变，需要发生以下两件事中的一件。一种可能是，现有模式的表现非常糟糕，那么要么一个新的模式被发现和启用，要么这个物种将会灭绝；另一种可能是，事情进展顺利，但如果一个通过随机突变偶然出现的新策略在根本上优于其他任何策略，那么这一新策略可以变得十分成功，从而使旧的策略看起来是失败的。所有这些变化起初都必须是偶然发生的，因为进化无法预先计划一个变化，但它确实可以迅速识别出一种比旧策略要好得多的新策略。

活得更久和繁殖更多次现在是在各种不同类型的生命中都非常普遍的生存策略。许多植物都是多年生植物，其寿命可以比我们人类长很多，并且每年都会进行繁殖。大多数动物会在数年至数十年的生命周期中进行多次繁殖。这种策略变化显然有其优势。事实上，因为这种策略变化需要某种在短暂的一生中仅有一次重大繁殖活动的生物身上若干重大的进化变化，所以它必须具备一些优势，否则它永远不会脱颖而出，在这么多的物种中出现。

然而，对想获得更长寿命的生物体而言，这并不是完全的胜利。现在仍然有很多西红柿这样的一年生植物，它们从一粒种子长到全尺寸植株，再到结出果实，产生下一代种子，然后死亡，所有过程都在一年内完成。而有些动物，如鲑鱼或章鱼，仍然保持一生中只繁殖一次。它们被孵化，长到成年体形，然后把所有的能量都投入这唯一的一次交配活动中，并在繁殖后不久死去。这对鲑鱼和章鱼来说都是可行的，因为它们在打赌。鲑鱼和章鱼都会投入自己的最后一丝能量来生产出数量最大、最健康的一批卵。一只普通的章鱼一次可以产下数千枚卵，并在数月内不进食，守卫它的卵并使它们保持透气，从而确保它们能成功孵化①。它在赌，通过付出自己拥有的一切——包括它的生命——以确保卵的成功孵化。鲑鱼必须投入大量的能量才能溯河而上，回到它们的淡水产卵地进行繁殖，它们也在进行类似的赌博。它们实际上是把所有的卵都放在一个"篮子"里——一次生产出尽可能多的后代，并在这个过程中消耗了它们所拥有的一切。园丁之所以喜欢西红柿也是出于同样的原因：一株健康的西红柿植株会结出大量的果实（就植株的体形而言），因为它会利用自身所有的能量来进行一次性的繁殖。

这种策略就是生物学家所说的 r 选择。在这里，"r"是种群动态中用来表示增长率的术语，经过 r 选择的物种拥有快

---

① 章鱼一生只在生命的尽头繁殖一次。母章鱼放弃了进食，只为在它日渐衰弱之际精心保护它的卵，并为卵提供氧气，它将在卵孵化后不久死去。这些经过 r 选择（编者注：即拥有高生育能力）的生物体实际上是在把"它们所有的鸡蛋都放在同一个篮子里"。

速的增长率。它们从出生到性成熟的速度很快，而且它们有大量的后代，它们不会给予这些后代（在它们孵化或出生后）非常多的单独照顾。章鱼和鲑鱼（以及西红柿）是经过极端 r 选择的例子，它们一生只有一次重大的繁殖活动，大量后代在孵化后基本上就只能靠自己生存了。经过 r 选择的生物体寿命很短，因为对它们来说活得更久对它们繁殖后代没有任何帮助。如果你是一条鲑鱼，有一种基因可以让你在产卵后多活一年，就自然选择而言，你并不比那些产卵后马上死去的鲑鱼有任何优势——你繁殖一次，它们也繁殖一次，而你多活的一年对生产出更成功的后代没有任何帮助。无论如何，你可能会因为产卵迁徙而筋疲力尽，即使你可以再次繁殖，你也可能会在获得这样的机会之前被吃掉。鲑鱼的基因库不会增加你的长寿基因，因为这根本就不会带来任何繁殖优势。同样，西红柿或章鱼也没有能让它们活得更长的进化压力。即使某种突变消除了它们的快速蜕化，这种突变也并不会提高它们的繁殖成功率，所以没有能延长它们寿命的进化压力。

　　与 r 选择相对的是 K 选择。"K"是代表"承载能力"的术语，或者说代表了环境能够成功维系其存活的生物体的数量，对于长寿的物种来说这是一个重要的数值。经过 K 选择的生物体寿命较长，繁殖次数更多，每次产生的后代数量较少。在很多情况下（但不是在所有情况下），它们会花费大量的时间和精力来照顾自己的幼崽，有时甚至会花长达几年的时间。人类、其他灵长类动物和大型哺乳动物，当然还有鸟类，都经过了强有力的 K 选择，所以寿命更长，可以进行多次交配。一个经过 K 选择的生物体有非常充分的理由活得更久。活得越久，可以繁殖的次数就越多，就越有机会在竞争中成功地拥有更多健康的后代。如果一只普通的鸭子寿命为 20 年，一生交配 12 次，那么一只基因突变的鸭子可以活 25 年，交配 15 次，平均来说，它的后代数量可能会多出 20%。因此，随着时间的推移，越来越多的鸭子会拥有这种基因，寿命也会更长。这个过程变成了一个良性循环，只要有回报，寿命就会越来越长。同样，与经过 r 选择的生物体不同，如果经过 K 选择的生物体出现一种突变，导致它失去某种衰老因素，那么它在长寿和繁殖方面确实可以表现得更好，而且这种突变可能会扩散，因为这意味着该生物体可以在更长的时间里持续生育更多的后代。

然而，经过 K 选择的生物体并不会长生不老，那么是什么阻止了这种良性循环永远持续下去？因素有很多，但所有这些因素都可以被归结为权衡，以及再活一年对自然选择而言是否"值得"。例如，以任何哺乳动物，比如一只狗为例。狗在成年后的大部分时间里都可以繁殖，所以拥有更长的成年寿命就意味着可以生产出更多的小狗。但事实上这只在一定程度上如此！正如人们都知道的那样，怀孕和分娩会对女性的身体造成严重伤害。这个过程中存在各种相关风险，而死于分娩曾是导致女性死亡的最主要因素之一。狗的分娩比人类要容易很多，但这仍然是一件损耗精力的事，狗产崽的次数越多，生产对其身体造成的伤害就越大。在身体受到极大损害的情况下，下一胎狗崽就会太小，或太不健康，甚至下一次生产过程可能会使母狗死亡，所以一条狗能成功怀孕多少次是有限度的。在这种情况下，再活一年已经不重要了，因为它不可能再生出更多狗崽，于是良性循环就此停止。

这些内在的原因固然重要，但最大的原因是捕食。长寿的双重好处在于：捕食者越难杀死你，你的自然寿命就越长。请记住，这不仅仅是因为你跑得比捕食者快——捕食者难以杀死的动物要比容易被杀死的动物活得更久，即使两者都被安全地饲养在没有捕食者的围栏里。这与上文提到的怀孕的母狗是一样的。一只老鼠对捕食者来说非常容易捕捉，因此，在任何时候，老鼠都有可能被抓住和杀死，从而无法继续繁殖。因此，老鼠需要经过 r 选择——它必须充分利用自己的有限时间，迅速繁殖大量后代。在这种情况下，老鼠进化出更长的寿命是不值得的，因为它能否拥有更长的自然寿命时间已经不重要了——猫已经把它吃掉了。

因此，飞行是抵抗捕食的灵丹妙药。飞行是最终的 K 选择器，以其无与伦比的能力使动物免受伤害。一只鸟在任何时候都不太可能被吃掉，因为它能够飞走。这意味着它多一年自然寿命是值得的，这只鸟可以躲避过捕食者的抓捕，产下更多的蛋和后代。第二年如此，再过一年还是如此。飞行是鸟类长寿的秘诀，因为它使鸟类每多活一年都是值得的。而且飞行不是鸟类的专利——蝙蝠、其他没有羽毛的鸟类，它们的寿命对哺乳动物而言是非常高的，但在鸟类中却是非常普通的。飞行是移动和躲避捕食者的一种极端方式，因此导致了一种极端版本的 K 选择。

鹦鹉，比如打破长寿纪录的米切氏凤头鹦鹉和金刚鹦鹉，可以在一个又一个的十年里产下一窝又一窝健康的鸟蛋。有了这些时间，它们不必每年都交配以充分利用时间。它们可以休息，并从产蛋、坐巢和喂养雏鸟的疲劳中恢复过来。因为它们有时间休息和恢复，所以它们可以活得更久，进而得到更多时间。它们的时间对繁殖后代来说是有意义的。事实上，它们的时间非常非常有意义，以至于它们可以活得比我们更久。

和人类一样，鸟类打破了将体形与长寿联系在一起的模式。以体形和体重为标准，我们所有人都远比其他动物长寿。对鸟类来说，飞行就是延长其寿命的基本原因和决定性特征。这也是为什么对于鸟类来说，最大的品种实际上并不是最长寿的。体形最大的鸟类——鸵鸟不能飞，因此不能获得更长的寿命，并在寿命这一点上被会飞的天鹅和凤头鹦鹉打败。

显然，人类也不会飞。如果飞行是鸟类长寿的秘密武器，那么人类长寿的秘密武器是什么？

大脑。我们的大脑就是我们的飞行器。人类巨大、强劲、复杂的大脑中制造出一种超级优势，它使我们取得了巨大的成功，而且很难被杀死，就像鸟类靠飞行做到的那样。我们的大脑与鸟类的飞行的共同之处在于，大脑赋予了我们灵活性。一只鸟可以通过朝极少其他脊椎动物能够去往的方向（向上）逃跑来逃离危险的处境；而人类则通过机敏的智慧来摆脱我们自己的危险处境，或者说大脑一开始就让我们摆脱了这种困境。我们的智慧带给我们工具和规则，并最终带给我们喷气式飞机。和飞行一样，这是一种极端的动物特征。

我们人类确实会飞，或者至少我们现在会飞了。我们花了数万年的时间才做到这一点，通过各种辅助技术，我们飞起来了，而且飞得比地球上任何其他动物都快。飞行不是我们的秘密武器，只是它的一个结果。

人类和鸟类都拥有幸福长寿的一生，这分别归功于我们各自决定性的、"秘密武器"般的生存适应工具：大脑和飞行。这些生存适应工具使我们和鸟类在成功进化和长寿方面领先于其他动物。通过巧妙的对称性，当我们的强大的大脑引导我们最终拥有了鸟类的飞行能力时，鸟类的飞行能力也导致它们最终拥有了与我们一样的强大的大脑。

第三章

鸟类的
大脑

镜中的鹦鹉：
我们有可能进化成鸟类吗？

"鸟脑袋"[1]这个词是我最不喜欢的陈词滥调，是诽谤中的诽谤，也是普通人对动物界最不公平的先入为主的观念。从"鸭子也爱的天气"[2]（潮湿多雨的天气），到"别现在就开始数鸡了"[3]（别高兴得太早），再到"双鸟在林不如一鸟在手"[4]（珍惜眼前才是真），英语中充满了关于鸟的双关语和措辞。无论如何，除了"笨蛋"，这些天真多彩的短语无论正确与否，对于我们理解真正的动物通常没有多大意义。在所有关于鸟类的说法中，在所有被和愚蠢画等号的事物中，这也许是最不合理的常见表达：人们普遍认为鸟类的大脑平平无奇或十分愚蠢。

正如你肯定会根据上文所想象到的那样，鸟类拥有相当令人印象深刻的大脑。作为一个群体，鸟类像其他动物一样非常聪明，有些鸟类确实是地球上最聪明的动物之一。相反，

---

[1] 原文为"Birdbrain"是一个用来形容人愚笨的词。——译者注

[2] 原文为"lovely weather for ducks"。——译者注

[3] 原文为"don't count your chickens"。——译者注

[4] 原文为"a bird in the hand is worth two in the bush"。——译者注

上文中对鸟类的诽谤似乎是基于一个错误的假设——大脑的大小决定了大脑做出预测的能力。当看到一只鸡或一只鹌鹑时，我们这些自命不凡的普通观察者看到的是一个只能容纳很小的大脑的小脑袋。事实上，鸟类的大脑确实很小，这使一个事实更加令人印象深刻，即这些小脑袋中包含着最强大的动物头脑。为了弥补自身较小的体形，鸟类的大脑非常高效，它们将大得多的脑容量才能拥有的计算能力塞进了非常小的空间里。作为体形最大的鸟类，鸵鸟的大脑和一颗大李子一般大，而且鸵鸟远非最聪明的鸟，至于鹦鹉和乌鸦的大脑还要更小。鸟类大脑的高空间利用效率只是它们值得炫耀的天赋的一部分，而鸟类本身也是大脑的大小不能衡量智力的有力论据。

不过，关于动物大脑的讨论往往都是从大小开始的，虽然鸟类在这方面摆脱了一般趋势，就像它们的寿命特征一样，但研究不同物种大脑的大小仍然具有实际价值。那么体积最大的大脑属于什么动物呢？这方面无可争议的冠军是抹香鲸，它的大脑是地球上最大的大脑，重约8千克，而且体积很大。虎鲸大脑的重量也很接近这个数字。不出所料，其他鲸和海豚也有非常大的大脑，这与它们的巨大体形一致。海豚的大脑一般重 3 千克左右，而陆地上最大的大脑则是大象的大脑，重约 5 千克。人类的大脑重约 1.3 千克，相比之下似乎显得微不足道，但就像我们的长寿一样，我们的体形使我们成为异类。诚然，比人脑更大的大脑是存在的，但只存在于比我们重十个数量级的动物身上。8 千克重的抹香鲸大脑大约为我们大脑重量的 6 倍，这个大脑在一种重量可达 57000 千克的动物体内，这种动物的体形是我们的几百倍。再看看体形与我们更接近的动物，就更能发现我们极大地打破了大脑大小的模式。我们的大脑尺寸大约是我们的近亲黑猩猩大脑的 3 倍，尽管两者的体形相近。即使这样比较也不公平，因为所有灵长类动物的大脑对它们的体形来说都是相当大的。鹿或海豹等与我们同处一个体重级的其他哺乳动物的大脑比我们的大脑小，而不用猜都知道，最小的脊椎动物大脑来自体形娇小的动物，比如哺乳动物中的鼩鼱和老鼠，而更小的大脑则是微小的爬行动物和鱼类的大脑。

大脑的总大小作为衡量智力的指标并非完全无用（鲸、大象和人类都是非常聪明的动物），但这显然不是全部。尽管抹香鲸和海豚的大脑比人脑大很多，但我们无疑比它们更聪明。如果人类（一种具有高效大脑的动物，对我们来说，大脑的大小不是衡量智力的主要指标）是这一趋势的唯一例外，这对人类来说也许是好的，但情况并非如此。目力所及之处，我们能发现不少较小的大脑正做着令人印象深刻的工作，并且它们往往比更大的大脑做得更好。绢毛猴是一种体形极小的灵长类动物，它拥有灵长类动物的大脑及其所有的关于问题解决、模式识别和社会关系管理的技能。这个大脑可能（这种比较总是令人担忧的，因此我用的是含糊其词的话）比那些比其生理上更大的动物，比方说鹿的大脑更有能力；或者，它也同样比与其大小相似的黄鼠狼的大脑更有能力。

此外，我们已经注意到，聪明的鸟类的大脑都非常小。那么，我们如何才能对各种不同动物的大脑做出有意义的判断呢？

我们刚才比较了鲸和人类的体形，这一比较应该可以为一种更好的方法提供线索。大脑与身体的重量比，也就是大脑大小与身体大小的关系，这可以为我们提供一个更加微妙的观点。这里的论点是，重要的不是大脑的绝对大小，而是你的身体总重量中有多少是大脑的重量，或者从某种意义上说，相对于其他需要，比如肌肉和消化器官，你在脑力方面投入了多少体重。

通过观察大脑和身体的重量比，我们开始看到一些有意义的模式。大象是陆地上大脑重量最重的动物，其脑身重量比约为1∶560，也就是说，大象的体重是其大脑重量的560倍。相比之下，马的身体较小，大脑也较小，其脑身重量比稍小，为1∶600，即大脑在它们身体中所占的重量较少。这符合我们的观点，即大象可能比马要聪明一点。与此同时，人类的脑身重量比要大得多，达1∶40，这意味着相对于我们的身体，我们的大脑要大得多，且与大象相比，这个数字比也大得多，这与我们对自身智力的高度重视一致。到目前为止，这一衡量标准似乎是有效的。对于本书的论题来说，这也是一个很好的衡量标准。许多小型鸟类的脑身重量比接近1∶10或1∶12，甚至比人类还高。鸟类和人类，除了其他习性上的相似之处，还都有非常高的脑身重量比，最重要的是，鸟类甚至打败了人类。那么我们的论证完成了吗？还没有。诚然，大多数鸟类都有非常高的脑身重量比，就此而言，鸟类和人类的相似度要远胜我们和其他哺乳动物的相似度。仅此一点就值得我们敲响警钟——尽管鸟类非常聪明，但还没有与人类处于同一智力水平。通过更仔细观察，我们就会发现，这个衡量标准也开始产生了一些奇怪的比较。虽然马和大象的脑身重量比似乎相差无几，但家狗和家猫的脑身重量比却要高得多，分别约为 1∶125 和 1∶100。比较大型哺乳动物的智力总是很困难，家狗 1∶125 的脑身重量比似乎比大象 1∶560 的脑身重量比大得多。此外，和大象一样，狮子的脑身重量比低至 1∶550，而实际上它们的行为和智力看起来与其他猫科动物相似。而老鼠更为离谱，以 1∶40 的脑身重量比正好与人类打成平手！

显然，这个比例说明的不仅是智力问题。你可能已经看到了，动物越大，其脑身重量比通常就越低。所以，外形非常相似的猫和狮子的脑身重量比分别为 1∶100 和 1∶550，但狮子的整个身体要大得多。因为猫和狮子的行为模式非常相似，所以需要非常相似的脑力来控制这些行为。狮子的肌肉、器官和整个身体都较大，但这并没有使控制它们变得更复杂，因此与猫相比，狮子的大脑不需要按照身体比例来精确放大。相反，对小型动物而言，即使行为相当简单，它们的大脑也只能缩小到目前的程度。因此，老鼠的大脑必须很小，这样才能适应它的小身体，尽管最终的脑身重量比很大，但也只是因为它的大脑不能再缩小了。通过观察某些种类的蚂蚁就可以非常明显地看到这一点，它们的大脑非常小，但其身体相对来说却更小，小到大脑占其总体量的 1/7。就鸟类而言，飞行也是影响其脑身重量比的必要因素。总的来说，相对于它们的体形，鸟类是非常轻的，这要归功于它们中空的骨骼、细瘦的双腿和翅膀，这使它们轻到可以飞行。相比之下，它们轻盈的身体使任何大脑都显得更重。唯一真正有意义的关于脑身重量比的比较发生在体重和身型大致相同的动物之间。大象和河马的比较就很能说明问题：与大象 1∶560 的脑身重量比相比，脑身重量比为 1∶2800 的河马显然没有大象聪明，这一次我很有信心。

顺便说一句，脑身重量比最小的动物叫作大棘鼬鱼。告诉你这一点是为了防止你认为大自然给了你一副烂牌。

＊＊＊

假设对智力而言，大脑大小不起作用，脑身重量比不起作用，那什么起作用呢？不好说。事实是，由于身体形状、大小，环境需求和其他影响动物智力的因素具有惊人的多样性，所以一种可靠的对智力的物理测量方法似乎还没有出现。其中一个重要因素是，并非所有的大脑都是以相同的方式来分配自身重量的。以海豚为例，聪明的海豚也许是最能让人类产生人格危机的生物。海豚的体形并不比我们大很多，但它们的大脑却比我们的大得多。哺乳动物的大脑是由许多不同类型的细胞组成的。神经元，即大多数人想到的典型"脑细胞"，是携带信息的细胞，负责计算、反应和思考。被称为胶质细胞的其他细胞则发挥支持作用，它们提供结构，进行修复，并使神经元的轴突形成髓鞘。与人类一样，海豚的大脑中含有很高比例的胶质细胞，大约是神经元数量的两倍，这增加了它们大脑的重量和尺寸，但似乎没有提高它们的计算能力或智力。

鸟类的大脑结构也有所不同。它们的神经元比哺乳动物的神经元要小，而且密集度更高。这是它们提高大脑效率的核心所在，也是它们非常小的大脑可以逆势而行，并能够与哺乳动物甚至灵长类动物的更大的大脑进行竞争的原因。结果是，与哺乳动物相比，体形和大脑都非常小的鸟类将比与它们体形相似的哺乳动物拥有更多的神经元。小型鸣禽的体重可能只有普通老鼠的1/10，但神经元的数量却是普通老鼠的两倍多。与此同时，在金刚鹦鹉（一种个头大、五颜六色的南美洲鹦鹉）身上发现的最重的鸟类大脑可能重达 20~25 克，这比普通欧洲兔的大脑还要重一点。然而，欧洲兔全身大约有 5 亿个神经元，而金刚鹦鹉的大脑中就有超过 30 亿个神经元，这个数字更符合体形大得多的长颈鹿和狒狒大脑中神经元的数量。拥有数十亿个神经元的动物实际上只有 4 种：鲸和海豹等生活在水中的哺乳动物、大象等大型陆地哺乳动物、灵长类动物和聪明的鸟类（鹦鹉和乌鸦）。就像长寿模式一样，我们再次看到，在神经元数量方面，身材矮小的灵长类动物和相对体形娇小的鸟类与地球上最大的动物一样高。

人类的大脑中平均有 130 亿~160 亿个神经元，数倍于金刚鹦鹉。如果我们像金刚鹦鹉那样在大脑中密集地填塞我们的神经元，那我们可以拥有多达 1600 亿个神经元。对金刚鹦鹉（和所有其他鸟类）来说，这似乎是一个伟大的进化策略，那么为什么人类和其他哺乳动物没有像鸟类那样往大脑里塞那么多神经元呢？

现在，你也许可以和我一起说出答案：飞行。

从进化角度来看，缩小神经元是困难的。从表面上看这就很难，就像所有的结构变化从进化角度来看都很难一样。如果一种生物采取的进化解决方案是有效的，那么改变它就有可能会打乱计划，带来的损害将大于益处。鉴于大多数生物系统都经过非常精细的调整，因此大多数变化都是有害的，而不是有益的。为了使一个物种完成一种结构改变，需要有一个强有力的进化理由。否则，维持现状会更加安全。哺乳动物的大脑可以工作——事实上，它们工作得非常好，所以如果用一种整体性的巨大变化来修改它们，比如缩小每个神经元，就会非常危险。而且，缩小神经元其实非常困难，因为想做到这一点，你必须缩小该物种的整个基因组。请记住，基因组是一个特定细胞中的所有遗传信息。身体中的每一个细胞（除了作为少数例外的血细胞等）都有整个基因组的完整副本。DNA 是一种紧凑到令人吃惊的信息存储方式，但基因组是一个巨大的信息库，而且每个细胞中的 DNA 染色体确实占用了它的物理空间。一个细胞只能缩小到容纳维持细胞存活的染色体和细胞器所需的最小空间限制之前。鸟类已经将它们的神经元缩得非常小了，以至于它们只能缩小它们的整个基因组来继续缩小细胞。

想想吧！这些指令本身就决定了身体如何进行自我组装，指令中还包括像神经元的体积有多大这样的信息！鸟类变得更小、更轻的压力非常大，以至于它们不得不真正优化自身基因组的大小，以使其适用于每个细胞。

飞行是值得的。就像中空而脆弱的骨骼使鸟类的身体不那么强健，却使它们轻到可以飞行一样，缩小的神经元以及较小的基因组是为鸟类飞行服务的，这是一个巨大的进化奖励。除蝙蝠之外，其他哺乳动物几乎没有任何希望从飞行中受益，所以根本没有促成其改变神经元大小和基因组编辑的巨大进化压力。与此同时，出于同样的原因，蝙蝠的基因组也比较小，这并不奇怪。

当然，在能够飞行之前必须要有较小的神经元和重量较轻的大脑和头部，因为这是使飞行成为可能的部分原因。事实上，有证据表明，随着时间的推移，已经成为现代鸟类的恐龙群体在实现起飞之前的数百万年里一直在缩小它们的基因组和神经元的大小。鸟类的飞行需要密集填塞神经元的大脑，但这并未使那些早期的飞行恐龙变得从根本上比它们在地面上的同类更聪明。它们更小的大脑中塞进了数量恰好的神经元，从而使它们进化出飞行能力。直到后来，小而密集的神经元才有可能使鸟类变得更加聪明，并让它们一直飞行。

* * *

到目前为止，我在动物行为研究领域的一些同事可能会对我心生不满。我已经谈论了很多关于智力的内容，这是生物学中最具争议性的话题之一，而我还没有定义"智力"这个词的含义，这确实是我的失误。

我之所以一直没有定义"智力"这个词，一部分原因是我不想陷入关于哪些行为和能力可以被恰当地称为"聪明"的专业争论中。当我们在使用这个词时，我们表达的意思中都包含了某种直觉，而我认为这种直觉真的很有意义，尽管它很难被定义。另一部分原因是，正如你可能已经从我对动物智力不置可否的比较中猜到的那样，要对动物之间的智力进行定量比较是相当困难的，因而只进行笼统的谈论通常会更加安全。如此一来，即使说得不对，至少没错。

话虽如此，但那些对我心生不满的同事是对的。我们需要对智力进行定义，以便更有效地讨论智力。尤其是很多人对于什么是动物智力以及我们该如何识别和谈论它存在相当大的误解。

* * *

几乎每年，我都会在大学中教授一门关于动物智力的课程。这是我给生物学本科生上的最有趣的课程之一，因为这是我实际教授的最接近我自己实验室研究内容的课题，也因为它在学生中引起了十分有趣的讨论。虽然每年的课程总是不同的（往往是当年的学生向我介绍一项新的研究或我还不了解的领域的最新发展），但每年都会有一次对话会非常有规

律地发生。在学生和我深入讨论对话的主要内容之前，我想
确保我们谈论的是同一件事，所以我总是会问他们："什么是
智力？"

总会有人插话说出一个吸引人的定义："我认为智力在某
种程度上就是在正确的时间，以正确的方式，做正确的事情
或表现出正确的行为……"

不错，这个答案当然很简洁直观，但并不正确。所以，
我回答说："那么，如果一种开花植物在一天中的适当时间为
帮助它授粉的昆虫开花，这会使它变聪明吗？"

"是的。我认为所有的生物都有自己的智力。这种植物
的智力与人类的智力不同，但如果它能成功地做到上述行为，
也表明它以自己的方式具有智力。"

定义并不总是相同的，我的例子也不总是相同的，但无
一例外，最早提出的智力理论都是关于行为按照预期"发挥
作用"的生物体智力普遍性的结论。我明白为什么会这样。
学校适时地教导孩子们对大自然的美丽和智慧感到惊叹，一
位好的生物老师应该对花朵在适当的时间开放以获得最佳授
粉效果的巨大"适应性"发表看法，以引导学生发现植物
的智慧。然后，这句话被结合到了另一句常见的校园名言

中——"每个人都以自己特殊的方式展示自己的才华"（或类似的话），于是，我青涩的生物学本科生创造了这样一句话："每一个物种都以自己特殊的方式展示自己的智力。"

我不能责怪他们，毕竟给智力下定义不是一件容易的事。宽泛地说，他们的尝试没有任何问题。这是因为我怀疑"智力"就代表"适应性强"，所以这是有一定道理的。任何能继续生存的物种都拥有这么做所需的工具，拥有这些工具对一个生物体来说是有用的，这通常确实会导致大多数生物体在"正确的时间做正确的事情"，但在生物学中，我们把这些工具——例如爪子、母性行为、开花时机、迁移路径等——称为适应性，而不是智力。虽然许多人可能会合理地称它们为"聪明"或"智慧"，但增强适应性其实并不需要任何（生物学意义上的）智力。

这似乎有点吹毛求疵，甚至是一种毫无意义的迂腐语言，但对我来说，随意混淆这两者是令人遗憾的。重要的是，如果我们所说的智力只是指适应性强，那么我们就忽略了这两者之间的互动：我们未能将正确定义的智力视作生物体可能表现出来的无数种适应能力之一，也未能将其视为一种重新定义生物体如何取得进化成功的适应能力。与生物的任何其他特征相比，智力是一种更强大的生存工具和更引人注目的变革力量。智力使变化，特别是迅速的变化成为可能。智力是关于发明和创新、分析和修改的工具。

无论我们如何定义智力——在实验室里精确地定义，还是在酒吧里凭直觉来定义，它都是一个令人印象深刻的特征。当我们考虑动物的智力时，大多数人的思维很可能会跳到黑猩猩或鹦鹉身上，同时我们会因为自己是人类而感到安心。在某些历史背景下，我们被认为是唯一的智慧物种，即这些创新和分析能力是人类的决定性特征。约翰·洛克（John Locke）在谈到我们的动物同伴时认为，"畜生不是抽象的"。更多的时候，我们会给我们的脊椎动物同伴一些荣誉，并称我们自己是最聪明的物种。不管怎样，我们认识到自己与其他生物在智力的种类或程度方面存在差异。

归根结底，为智力确立一个定义并不是那么难。使智力不同于我的学生最初提出的适应性强理论的是智力的创造性。对于一个适应性很强的生物体，比如一朵花来说，如果某个过程是建立在这种生物体的 DNA 中的，而且该生物体不可能停止、故意启动或修改这个过程，那么它做一些有用的事情是很容易的，比如开花。生物体所做的许多有用的事情就像水冻结成冰一样：由一个化学或物理过程导致另一个化学或物理过程，系统每次都会利用这个过程产生一些输出。

这方面的一个很好的例子是葡萄藤的"发芽"。在冬天，葡萄藤休眠并变成褐色，然后在春天从休眠中醒来的芽开始再次生长。这发生得正是时候，因为随着葡萄藤周围的空气变暖，葡萄藤中的水对芽施加的压力就会发生变化，导致芽膨胀，然后"破裂"，开始新一年的生长周期。这是一个运行良好的系统，而且无疑是具有强适应性的，但它却不是智能的，它是自动的。

智力是发明一种新的解决方案的能力，这种解决方案不依赖进化提供的内置解决方案。它是创造一个不是本能的新的行为的能力。它是进行创新和分析的能力，每当自身携带的生物预设编程遇到缺乏自动反应所需的编码的情况时它就会这样做。从根本上说，它是在生物体在其一生中改变策略的能力。

* * *

智力是一种令人难以置信的适应性。它是人类的灵丹妙药，是我们改变游戏规则的适应性，它使我们变得与其他哺乳动物如此不同。它是我们如此成功和长寿的关键因素之一。

想象一下，如果一种动物完全没有智力，只有适应性很强的先天行为，那么它只是一个自动机，无法创造新的或不同的行为。但它经过完美的进化，也可以在其所处的环境中成功生活。像计算机一样，它有一套复杂的程序以应对大量输入，因此它可以对这些输入做出完美的反应，但却无法对任何未经预设编程的输入做出反应。只要它所处的环境中没有任何变化，那么它的自动机就会表现得很好——它的行为在漫长的进化中得到了完美的调整，可以对它准备处理的大量但有限的环境信息做出正确的反应。然而，如果出现了变化，那它就有麻烦了。由于没有内置的预设反应，动物修改自身行为的唯一途径就是进化——也就是死亡。当一些拥有一套良好的环境适应能力的动物存活了下来，而那些缺乏这种适应的动物都无法存活下来时，字面意义上的"死亡"——也就是进化，就会发生。自动机物种也可以改善它们对新环境的反应，但只能通过无数次的死亡，不育，直到少数幸运的自动机发生突变，主动改变自身的正常行为。这可以使该物种生存下去，但却对在此过程中死亡的个体没有任何帮助。

你可能认为不存在这样的动物，但实际上这些动物却并不遥远——尤其是在海洋中。海绵和珊瑚或多或少都有这个问题。它们是动物,但它们没有大脑,所以当它们面对不同的威胁和环境时,只有着非常有限的自动反应。受到物理威胁的珊瑚虫可以缩回自己的骨架或刺中。它可以通过抓取颗粒状的食物并将其推到嘴里来进食。如果温度过高,它可以赶走自己身上正在进行光合作用的微生物,如果受到极端的化学威胁,一些珊瑚品种甚至可以脱离自己的骨架,尽管这通常等于死刑。当突然出现温度变化或发生化学变化时,整个珊瑚礁都会变白。珊瑚无法改变它们的行为以尝试新的策略,所以它们只能靠现有的策略来生存或死亡。(除了非常危险的脱离骨架纾困的策略外,它们也无法移动,这让情况变得更加困难!)

然而,大多数动物都有大脑,哪怕是很小的大脑,并且拥有某种程度的灵活性,尽管灵活性程度相差极大。小型昆虫、其他无脊椎动物(比如蠕虫),甚至许多简单的鱼类都没有太多的脑力来分析情况和创造新的行为。它们拥有比珊瑚更多的选择,但大多都是用于尝试撤退的创造性方向。不同动物之间的智力的跨度范围是巨大的,而我们人类在这方面真的很特别。

我们是地球上最聪明的动物。这也许是我最有信心，也最容易写在纸上的智力判断。但这也非常明显。对于一种为了在温暖的非洲山谷中的户外部落生活而进化的猿类来说，在不到一百万年后，他们偶尔也会生活在环绕着地球运动的金属罐中。这种富有创造力的灵活性让他们在这个星球上远远没有对手。

智力就这样成了我们的飞行。它将我们置于一条与其他动物完全不同的轨道上，就像鸟类的飞行将它们置于一条不同的轨道上一样。我们可以制造武器、盾牌、衣物和庇护所，这使我们变得更加坚韧，更难被杀死，直到最终在地球上几乎没有什么东西可以缩短我们的生命。我们的生命越来越长，就像鸟类一样，无论漫长的生命给我们带来了什么，无论环境发生多大变化，至少我们中的一些人可以适应和克服它。

长寿的动物必须聪明，这恰恰是因为它们不是一次性繁殖的。回想一下第二章中经过 r 选择的物种。如果你是一只寿命短、繁殖快的老鼠，你迅速达到成熟状态，快速繁殖，一直在生育后代，确保你在仅仅几岁的时候就可能已经有了几十个孙辈，它们都使你的一些遗传物质活在这个世界上。

如果这时你犯了一个错误，或者没有躲避致命的遭遇（比如一只猫）所需的灵活性，那么，虽然这是你的结局，但你在遗传方面并没有差多少，因为你已经通过把你的精力和能力用于创造几十个后代的方式获得了成功。相比之下，一头经过高度 K 选择的大象则必须聪明。这头大象要花几十年时间才能产生几个后代。几十年是一种时间尺度，在此期间，一切都可以改变。干旱、火灾、人类活动、风暴以及许多其他变化和灾难都可以使同一范围内的稀疏草原在数年间发生巨大变化。有时可能是捕食者的激增，有时可能是干旱时期的饥荒。世界在不断变化，一头大象必须足够聪明，才能在经历所有灾难后存活下来，并开始第一次繁殖。

长寿的鸟类面临着同样的压力。一只能活 50 年的乌鸦需要一段时间才能达到性成熟，而一旦达到性成熟，它就有长达几十年的繁殖期可以繁衍后代。飞行有助于乌鸦长寿，但现在它需要具备灵活性和创造性，才能让它在尽可能长的潜在寿命期中保持存活。人类和鸟类从不同的角度来处理这个问题，但我们最终都进入了一个良性循环：我们都活得很长，因此必须聪明；我们都很聪明，这有助于我们活得更长。这两个特征相互作用，自然选择在另一个特征的帮助下推动这两个特征进一步发展。一旦陷入这种良性循环，鸟类和人类都会被推向同一个极端，即变得更像对方，而不是像他们的近亲，尽管他们在进化树形图上开始时相距甚远。

长寿和智力还以另一种方式相互作用，这是人类与许多鸟类共有的另一个特征。尽管大脑的大小并不是智力的完美体现，但很明显，总的来说，两种在其他方面都非常相似的动物作对比时，具有更大的大脑通常意味着这是一种更聪明的动物。长出更大的大脑需要更多的时间和精力，这在智慧动物的早期生命发展中尤为明显。在这方面，人类再一次成为最极端的例子。与所有其他哺乳动物相比，我们的婴儿实际上是早产的。人类婴儿不能为自己做任何事情，哪怕和与人类最相近的近亲相比也要略逊一筹。黑猩猩幼崽几乎从出生的那一刻起就可以紧紧地抱住它们的母亲，抓住它的头发，这样母黑猩猩就可以用双手做自己的事情。与人类关系更远的哺乳动物往往有更多能力，与人类需要几个月或几年才能掌握任何有用的行为相比，许多相当聪明的大型动物（如马或鹿）在出生后几分钟到几天内就能行走或站立。

这是因为人类出生时大脑还不够发达。人类的生产和分娩是哺乳动物（实际上是所有脊椎动物）中最危险和最困难的，没有动物需要像我们一样面对分娩的持续时间、疼痛和风险，而这都是因为我们头部的大小，因此也是因为我们大脑的大小。我们巨大的大脑是如此宝贵，从进化的角度来说，它们值得我们承受分娩时的疼痛和危险。然而，即使存在那么多的痛苦，我们的大脑在出生时仍远不及黑猩猩或马的大脑发达。因此，其他哺乳动物的幼崽几乎可以在出生后立即或多或少地照顾自己，而人类的婴儿则需要持续和全面的照顾。如果我们的大脑发育在出生时更进一步，那么人类的母婴死亡率就会更高，而这种权衡可能会以另一种方式被打破。

因此，我们在出生后需要很长的发育时间。多年来，我们的父母非常密切地照顾我们，让我们成长，带着我们四处走动。许多其他哺乳动物，特别是大型哺乳动物，也有很长的"童年期"（例如，大象可能需要几年时间才能断奶，也许直到 17 岁才性成熟）。但我们在出生后第一年的无助几乎是无可比拟的，除了鸟类。

你们中的一些人可能会在这里提出关于有袋类动物的反对意见——你们是对的。有袋类动物的婴儿在出生时甚至比人类更不发达。然而，最好的做法也许是把有袋类动物在育儿袋中的头几个月看作孕期的延伸。待在育儿袋中的大部分时间里，幼崽甚至一直附着在母亲的乳头上，这是哺乳动物胎盘所提供的持续营养源的一种外部同源物。因此，许多应该在胎盘和子宫中发生的发育也发生在有袋类动物的育儿袋中，但结果是一样的——当后代离开母体（育儿袋或子宫）时，它要比人类婴儿发育得更充分。

我们都熟悉这样的画面：一窝粉红色的、没有羽毛的、没有视力且无助的雏鸟。对于大多数鸟类来说，生命（通常）始于在双亲的持续照料和关注下被限制在巢中的数月。造成这种情况的原因不是它们头部的大小，而是鸟蛋的大小。与胎盘哺乳动物不同，鸟类的蛋黄中必须包含后代发育所需的所有营养——因此较长的发育时间就需要内含更大蛋黄的更大鸟蛋。形成一个巨大的大脑需要很长时间，因此，在蛋中进行的大脑发育越充分，需要的蛋和卵黄囊就越大。如此一来，鸟类就会遇到和人类一样的生理问题。一些鸟类，如几维鸟，确实会产下就其体形而言巨大的蛋，但最终，一只成年鸟只能为一枚蛋贡献有限的能量，而且只能产生自己的身体能容纳的大小的蛋，这就限制了蛋的发育程度。如果这种鸟需要一个大而复杂的大脑，那么，它就和人类的婴儿一样，需要在发育的早期出生，并在完成生长的过程中由父母进行照顾。

如果仅仅是成长到可以离开父母的持续照顾的程度就需要花去你一年中的大部分时间，那么你就很难过上经过 r 选择的成长，即那种快速成长、繁殖和英年早逝的生活。因此，巨大的大脑和长寿又有很好的理由结合在一起，我们不应该惊讶于一些最聪明的鸟类也是最长寿的，如乌鸦或鹦鹉。你可能还注意到，有些鸟类，如鸡或鸭，孵化出来的幼鸟要自给自足得多——它们能够行走、进食，在某些情况下，甚至在孵化后的一两天内就能游泳。也许你不会感到惊讶，就体形而言，这些鸟类的寿命通常比那些出生时无助的鸟类要短得多（尽管仍比许多哺乳动物长），而且，它们虽然并不愚笨，但认知能力略逊一筹。在这里，我们再次看到寿命、智力和出生或孵化时的发育水平是相互作用的。我们也看到某些特征倾向于促使人类和鸟类走向一种极端的生活方式：生时无助，活得很久，而且非常聪明。在第四章关于繁殖的内容中，我们将更加深入地探讨这种相互作用。

与我们有着相同发育模式的鸟类，它们拥有无助的幼年、较长的寿命和巨大的大脑，它们属于新鸟小纲（Neoaves，在拉丁语中意为"新鸟"）。这个分组中包括所有不是平胸鸟类（如鸵鸟、鸸鹋和鹤鸵）也不是家禽（如鸡、鸭和类似动物）的鸟类，占所有鸟类物种的95%。新鸟小纲包括鹪鹩、乌鸦、翠鸟和凤头鹦鹉等所有常见鸟类，是地球上最多样化和最有趣的动物群体之一。它也是最聪明的动物群体之一，有大量能够证明鸟类智力的例子。

鸟类寿命长，能够飞行，在其他方面的生活方式与人类相似，它们是大自然对创造出一种真正智慧的动物群体的"另一种尝试"。也许我应该说是"第一次尝试"，因为，无可争议，鸟类是最早的智慧动物。杀死恐龙并让鸟类开始飞翔的灭绝事件也让鸟类踏上了极端智慧的道路，哺乳动物则花了几百万年才赶上。那次灭绝发生在6600万年前，几乎紧接着（在地质时间尺度上）就是新鸟小纲动物的爆发，而人类在数千万年内都不曾出现。

* * *

由于鸟类拥有这样的领先优势，我们不应对它们在智力和学习方面做出的一些壮举而感到惊讶。特别是鹦鹉和鸦科鸟类（如乌鸦、渡鸦和喜鹊等）这两个群体具有异常发达的认知能力，并表现出了一些鸟类智力的最佳例子（尽管这种智力肯定也可以在许多其他鸟类分组中找到）。一般来说，除了我们已经观察到的特别像人类的特征外，鸟类与灵长类动物还有许多共同之处。其中，乌鸦和鹦鹉可能是最接近人属的物种。和我们一样，它们的专长不是特定的身体特征，而是灵活和能干的头脑，这样的头脑可以充分利用许多不同的信息。

长期以来，鹦鹉作为智慧鸟类激发着人类的想象力，但在过去的几十年里，乌鸦在科学研究和公众意识中一直都享有特殊的时刻。也许曾经这些不那么五彩缤纷、比较害羞的鸟类不太引人注意，但其实乌鸦早就该得到认可了，而且它们让人兴奋不已。

一些最好的例子来自公众的观察。1970—1990年，日本的一群小嘴乌鸦开始做一些不同寻常的事情。这些乌鸦发现，一座城市公园里种植的一棵树的种子是很好的食物来源，但乌鸦自己无法打开种子。这些种子实际上是核桃，是一种很好的营养来源，但乌鸦通常吃不到。乌鸦通过实验学会了把核桃放在公园附近繁忙的马路上，等待过往车辆来碾碎核桃的外壳，好让它们能获得里面的坚果 ①。

这已经是一种智慧的行为了——学习在一个明显不自然的环境中利用另一个物种的行动来获得新的食物来源。但这并不是一种独特的行为——例如，人们记录下一些海鸥和老鹰从极高处丢下蛤蜊或乌龟，以砸开它们的外壳，获得里面的肉。虽然日本乌鸦的行为在策略中加入了人类的交通因素，但它仍然是对周围环境的一种类似利用，目的是获得一种新的和丰富的食物来源。

使日本乌鸦如此引人注目的另一个原因是它们学会了在人类的城市中安全地飞行。乌鸦并不是简单地扑腾着翅膀飞到行进的车流中去扔核桃，它们会和行人一起在红灯和十字路口处排队，等待信号灯发出安全通过的信号，然后走上街道，小心翼翼地把核桃放置在安全的道路上。然后，当汽车行进时，乌鸦会退到人行道上，只有在交通信号灯再次变化

---

① 像日本小嘴乌鸦这样的乌鸦是勤勉的人类观察者，并学会了如何在人类的城市中成功生活。这只乌鸦在一个繁忙的十字路口观察了来来往往的车辆，并了解到交通信号灯是如何控制汽车运动的。它利用这一知识，在交通停止时安全地将硬坚果放置在马路上，这样一来，当交通信号灯改变时，汽车就会把硬坚果碾裂。

时，它们才会冒险出去收集破裂的坚果。它们不仅学会了利用周围的人类活动来为自己谋利，还学会了观察我们的交通信号，并将其与自身活动的安全性联系起来，建立起对周围环境的可预测理解，使它们能够获得一种全新的食物来源。

这就是智慧的力量。这些乌鸦并没有进化出理解人类交通信号的能力，相反地，经过几百万年的进化，乌鸦已经发展出了学习能力，能够就周围的世界得出多层次的结论，并相应地调整自己的行为。也正是这种能力让人类得以在不到10万年的时间里（这只是进化时间尺度中的一个小插曲），从生活在非洲山谷里的一小群狩猎采集者变成生活在金碧辉煌的城市中的地球主宰者。不足为奇的是，世界其他地方的乌鸦似乎也发现了同样的伎俩，自日本最初的报告以来，类似的行为也出现在了美国的加利福尼亚州。

近年来，人们在不经意间观察到乌鸦从事了各种似乎是人类独有的行为。在俄罗斯，一只带兜帽的乌鸦在2012年被发现在"滑雪"——这只乌鸦发现了一个塑料圆盘，很可能是某种被丢弃的盖子，它会反复带着这个塑料圆盘飞到一处覆盖着积雪的倾斜屋顶，它站在圆盘顶部，然后从屋顶滑下来，之后再飞回屋顶。它似乎玩得很开心。加拿大的乌鸦也被观察到用背部做出同样的滑行动作。这种游戏看起来非常像人类的游戏，而俄罗斯乌鸦的案例则是在游戏中使用工具的例子。但这些例子，甚至日本乌鸦和核桃的故事都是轶事，不是科学研究，所以很难得出理想的结论。包括鸦科鸟类专家艾伦·卡米尔（Alan Kamil）在内，许多科学家在上述案例首次成为新闻时发表了评论，他们不愿意将乌鸦滑雪的行为称为"游戏"，并提出了其他解释，如乌鸦其实在进行交配展示或向其他乌鸦展示健康。

也许，最著名的、经过实验室证实的乌鸦智力的例子是我的博士生导师兼朋友亚历克斯·卡塞尔尼克（Alex Kacelnik）教授所做的一系列实验。亚历克斯拥有很长的从事鸟类行为研究的职业生涯，他的研究包括在各种鸟类的冒险、觅食策略和决策方面的一些最有影响力的研究。然而，他对乌鸦的研究是他在科学界以外最有名的工作，我猜想，部分原因是人类通常对聪明的动物异常着迷，而亚历克斯研究的乌鸦就是一种非常聪明的鸟类。

亚历克斯研究的是一种叫作新喀里多尼亚乌鸦的特殊乌鸦品种，鸟如其名，这种乌鸦只出现在新喀里多尼亚岛。它们的体形不是特别大，也不是特别五彩缤纷，看起来就是一只平平无奇的黑乌鸦。但它们有一个非常特别的特点——新喀里多尼亚乌鸦是自然界中最令人印象深刻的工具使用者之一。

我们人类能不假思索地使用工具。我们的整个文明都建立在使用多种复合工具的基础上。我们使用的工具从锤子和杠杆到计算机和汽车，应有尽有。我们制造出各种各样的设备来帮助我们完成那些仅靠身体无法完成的工作。使用工具是人类的一个基本特征。

然而，使用工具并不是我们独有的基本特征。我们的灵长类近亲也是了不起的工具使用者。我们曾经研究黑猩猩和其他灵长类动物用石头作锤子和砧板砸开坚果，把卷曲的树叶当作杯子喝水，把植物通过挤压制作成海绵从难以触及的地方吸水喝等令人印象深刻的工具使用行为。水獭会用石头砸开蛤蜊，有些海豚在尖锐的岩石间觅食时会用海绵保护自己的鼻子，䴕形树雀会用仙人掌刺戳取蛴螬[1]，甚至还有

① 䴕形树雀把尖锐的仙人掌刺作为工具将蛴螬串起来食用，但它们还没有被观察到更具创造性地使用工具的行为。它们对工具的使用是一种适合自身环境的进化行为。这是一个很好的利用强适应性觅食的例子，但没有告诉我们太多䴕形树雀智力方面的信息。

一种海胆会通过在身体表面附着小石子来伪装自己。长期以来，人类试图将使用工具作为界定我们并使我们与众不同的独特行为。但请不要上当——使用工具对其他动物来说太有帮助了，即使像海胆这样几乎没有大脑的动物也会去尝试。

然而，并非所有的工具使用者都是一样的，新喀里多尼亚乌鸦就是一个非常特殊的例子，不是因为它们使用工具，而是因为它们如何使用工具、制造工具并使用这些工具解决新的问题。从表面上看，这种乌鸦使用工具的方式与鸸形树雀相似。新喀里多尼亚乌鸦用又长又细的细枝或坚硬的长条状树叶从树木的深洞中抓取蛴螬。它们用喙叼着它们的工具，使其与头部的一侧对齐，再将工具穿到蛴螬的洞穴里。然后，它们会反复戳蛴螬的头部，直到蛴螬咬住工具，这时，它们再将蛴螬从洞里拉出来，享受一顿高热量、蛋白质丰富的大餐。这个过程很像钓鱼。

当人们第一次面对这种行为时，单是这种行为本身就相当令人印象深刻，这导致许多人称赞新喀里多尼亚乌鸦"聪明"。然而，这和我的生物学学生给智力下定义时出现的问题一样。这无疑是一种令人印象深刻的行为，但这是新喀里多尼亚乌鸦进化出的一种相当自动的行为。海胆不是非常聪明的动物，但随着时间的推移，它们也进化出了用石头自然地伪装自己的本领，而新喀里多尼亚乌鸦使用工具的行为在这方面与海胆并没有什么不同——这是一种由进化形成的、经遗传获得的行为。蛴螬是新喀里多尼亚乌鸦最丰富的营养来源之一，这种乌鸦已经进化到可以使用工具来诱捕蛴螬，因为它们没有大而有力的喙可以凿透木头。如果它们是鹦鹉，长着一个强有力的坚果钳般的喙，那么它们就不会使用工具，而是像许多鹦鹉那样直接咬穿木头。

但是乌鸦非常聪明，我们之所以知道这一点，还要归功于亚历克斯的实验，特别是要归功于一只名叫贝蒂的乌鸦。真正使我们开始了解这些鸟类有多聪明的实验是一个关于它们如何选择工具的简单测试。在自然界中，有很多细长的树枝可供选择，有些有轻微的弯曲，有些长一点或短一点，获得正确的工具对于任何工作而言都很重要。因此，亚历克斯和他的团队给乌鸦们出了一个难题。他们把一小块食物放在一个把手向上弯曲并伸出的小桶里，并把小桶放在一根长管的底部，用强力胶布固定住。每只乌鸦都可以选择两种工具，一根显然不能用来取回食物的直铁丝和一根钩状的铁丝，后者可以通过钩住把手把小桶提上来。这已经是一个棘手的问题了，而乌鸦做得很好，这表明它们能够理解钩状工具在这个测试中是更好的选择。

像许多伟大的发现一样，当情况出错后，事情就变得有趣了起来。贝蒂和另一只乌鸦在测试室里努力解决这个难题，这时，另一只乌鸦带着钩状工具飞走了，并把工具弄丢了，此刻除了无效的直铁丝外，贝蒂别无选择。但它没有放弃，也没有用直铁丝做失败的尝试，而是做了别的事情。贝蒂把直铁丝插进强力胶布里支撑起来，然后把它弯成一个钩，再拉出刚刚制成的钩状工具，并正确地用它取回了食物①。而且，当亚历克斯的团队一次又一次对它进行测试以确认这一惊人的结果时，它能一次又一次地这样做。新喀里多尼亚乌鸦不仅能使用工具和选择工具，它们还能调整工具以适应实际情况。

贝蒂的惊人壮举拉开了一系列实验的序幕，这些实验是

---

① 新喀里多尼亚乌鸦贝蒂本应展示它的工具选择技能，选择直铁丝或钩状铁丝来取回隐藏的食物。当它的鸟舍伙伴带着钩子飞走时，它把直铁丝弯曲成了适合完成这项任务的钩子，这震惊了科学界，这是实验室记录的鸟类制作工具的最早案例之一。

为了了解乌鸦究竟能有多大的创造力。亚历克斯的团队尝试了一个实验，在这个实验中，乌鸦可以使用一个工具，但这个工具太短，无法取回一块食物，同时它对于取回一个较长的隐藏工具来说又刚好够用。果不其然，乌鸦可以使用短工具来获取长工具，进而获取食物，而且它们可以管理多个更长的工具序列，使这些序列的长度刚好可以用来获取下一序列的工具。这可以被称为对元工具的使用，乌鸦是除人类以外仅有的未经明确训练就表现出这种能力的动物之一，它们凭一己之力当场想出了解决方案。

更令人印象深刻的是：乌鸦还能制造工具。亚历克斯的另一个实验表明，当两根较短的棍子都无法够到奖励时，乌鸦可以把两根短棍（通过首尾相连的方式组合在一起）组合成一个更长的工具。这就是一种复合工具的使用案例，也是另一种以前只在人类身上观察到的能力。使乌鸦的行为更加令人印象深刻的是，和我们一样，它们似乎一眼就能看出，如果它们跳过一个步骤，那么元工具和复合工具就无法起作用。它们不是通过反复试验来解决问题，而似乎是通过预先计划来解决的。元工具实验中的乌鸦并不倾向于先尝试不成功的短工具，而是用了一点时间关注问题，然后直接找到了正确的多工具解决方案。在复合工具实验中也是如此，它们似乎对问题进行了评估，并直接着手将棍子组合得足够长。和我们一样，它们有基本的物理知识（有时这被称为"民间物理学"），能够看一眼就理解问题，而不是通过反复地试错来解决问题。

然而，使这一切如此令人印象深刻的并不是工具，使用工具只是新喀里多尼亚乌鸦自然行为的一部分。它们甚至在不需要工具的情况下也会使用工具，比如在调查一个陌生物体时用棍子而不是用喙去戳。真正令人印象深刻的是，它们可以解决与其自然环境完全无关的问题。在新喀里多尼亚岛，没有小水桶，也没有组合在一起的棍子，更没有精心设计的元工具，但乌鸦具有普遍的、创造性的智慧，因此能够解决这些问题。

所有这些可能会让人们认为新喀里多尼亚乌鸦是最聪明的鸟类，又或许是最聪明的鸦科鸟类，但这并不是真的！它们很可能是所有鸟类中最出色的工具使用者，因此，当智力测试以工具使用的形式出现时，它们表现得非常好。事实上，所有鸦科鸟类在解决问题的任务中都表现得很好，当这些任务不以工具为中心时，新喀里多尼亚乌鸦仍然表现得很好，但并不比任何其他种类的鸦科（如渡鸦或秃鼻乌鸦）表现得更好。

尤其是渡鸦，作为聪明的鸟类，它在我们人类的故事和传说中有着悠久的历史。伊索把它们分为正反两类角色，他最出名的故事之一是《狐狸和渡鸦》(*The Raven and the Fox*)，故事中饥饿的狐狸比渡鸦更聪明。在盖·怀特摩尔·卡罗尔（Guy Wetmore Carryl）的诗意重述中，我非常喜欢的是，当狐狸奉承渡鸦的歌声并向它提问时，渡鸦因受骗把自己的一块奶酪掉在了地上。狐狸问道："可不可以请你用清脆柔美的歌声唱出《诸神的黄昏》中的一小段？"鸟儿唱歌，奶酪掉落，而狐狸得到了它的一餐。但伊索同样赋予了渡鸦大智慧，如《渡鸦和水壶》(*The Raven and the Pitcher*)。在这个故事中，一只口渴的渡鸦发现了一个装有半壶水的高水壶。渡鸦无法从水壶边缘的歇脚处喝到水，于是它将卵石一块接一块地扔进壶里，一点一点地提高水位，直到它能从水壶中喝到水为止。这是一个非常复杂的民间物理学的例子，也是一个聪明的问题解决方法，甚至有许多人在第一次尝试时都没能做到。

当然，这则寓言只是一个故事，而不是科学。但它启发了几位研究人员，他们想要看看渡鸦是否能完成这项任务。通常，这些实验使用的是食物奖励，而不仅是喝水。毕竟在高端实验室中得到精心照料的动物可以获得大量的水，不会像寓言中的渡鸦那样口渴难耐，因此对它们来说一块漂浮的食物更有激励作用。但实验的原理是相同的。一根长管子里装着一半水，一块乌鸦够不到的奖励食物漂浮在水面上。此外该场景中还有一些卵石。这个实验已经在秃鼻乌鸦和新喀里多尼亚乌鸦身上进行过尝试，这两种乌鸦确实都明智地运用了技巧：它们把卵石丢进罐子，直到食物浮到它们能够得着的高度[①]。

为了提高任务的难度，新喀里多尼亚乌鸦还遇到了一些挫折，比如实验人员提供一些会下沉的卵石和一些泡沫塑料制成的会漂浮的卵石（它们对提高奖励食物没有用处）让它们选择。它们仍然做对了，它们甚至可以推断出，这种提高

[①] 伊索讲述了一只聪明的渡鸦的故事。它无法喝到高水壶中的水，于是往壶中投入石子，直到水位上升到它能够喝水的高度。研究人员根据这则古老的寓言对新喀里多尼亚乌鸦进行了测试，它们用同样的方法解决了这个问题。它们还忽视了装满沙子（沙子顶端放着点心）的壶，因为它们知道石头不会导致沙子的高度上升。

水位的方案在一个类似的装满一半沙子的管子中是行不通的，所以它们干脆避开了这种做法。我还没能找到渡鸦在这个任务中的实验测试，但由于秃鼻乌鸦和新喀里多尼亚乌鸦做得如此成功，我认为伊索可能是对的——渡鸦应该能够不辜负他的故事。

鸦科是一个非常令人印象深刻的动物群体，它们非常特殊，即使在鸟类中也同样如此。但我不愿意暗示其他鸟类没有真正令人印象深刻的认知技能，我怀疑我的许多同事（他们每个人都有自己研究的物种）在这一点上会更加坚定。从鸣禽的学习能力到迁徙海鸟的复杂导航能力，鸟类的智慧行为具有广泛的多样性。

鸟类的智慧甚至延伸到了新鸟小纲动物之外，到了其他在进化上更遥远和"原始"的物种上。我自己的大量研究集中在鸭子身上，它们与鹅和天鹅一起组成了雁形目，或称水禽。它们与自己在陆地上的近亲鸡形目（如鸡和鹌鹑）一起构成了通常被称为禽类或鸡雁小纲的更大群体，并且是我们所知的曾经生活在（非鸟类）恐龙之中的唯一现存鸟类。换句话说，它们是一个古老的动物群体，在进化上更加原始，而且，我承认，在大多数情况下，它们不如新鸟小纲动物聪明。

亚历克斯·卡塞尔尼克和我最初建立牛津小鸭实验室的目的是更仔细地研究我们在研究鸽子时遇到的一个问题，即在鸟类大脑中有多少视觉信息可以从大脑一侧移动到另一侧。但我们很快发现自己是在研究更深层的问题，即小鸭子的大脑里储存着什么样的信息。与新鸟小纲动物不同，小鸭子被孵化出来时并不是粉红色和无助的。正如我们大多数人都知道的那样，它们需要几个小时才能干透，然后就可以行走、游泳，并跟在母亲身后。小鸭子最初做的事情之一是令人印象深刻的学习壮举，也叫印刻行为。印刻行为就是高度专业地和自动地学习谁是你的母亲，并从很小的时候就知道跟随她并且只跟随她。我们在本书一开始关于洛伦茨的实验部分就偶然发现了这一现象，小鸭子在出生后的第一天就有这样做的进化倾向。

印刻行为本身并不是智力。它是一种学习形式，是一个令人印象深刻的进化适应的好例子，不涉及任何创新，是一个自动过程。但印刻行为掩盖了一些更加令人兴奋的东西。亚历克斯和我想知道小鸭子究竟是如何想象出它们的母亲的。印刻行为是高速和自动的，以至于我们往往认为它就像拍摄和存储它们母亲长相的心理快照，并将其与世界上的所有物体进行比较，看看它们是否匹配。但很明显，这实际上是行不通的：母鸭可能处于一个新的角度，或身体的一部分在某物后面，或者只是以小鸭子以前没有见过的方式来伸展翅膀，而它不会与快照匹配。

事实证明，除了通过印刻行为学习形状、颜色、大小以及类似的视觉特质外，出生才几个小时的小鸭子还能学习抽象概念，比如相同和不同，或异质性。我们使鸭子对两对相同或不同的物体产生印刻作用，然后让它们从之前从未见过的两对新物体中进行选择，但其中一对相同，另一对不同①。对"相同"起印刻作用的小鸭子倾向于跟随"相同"，对"不同"起印刻作用的小鸭子则倾向于跟随"差异"。这对我们人类来说似乎很简单，但我们自己的孩子在出生后至少一年内都无法做到这一点，甚至像猿类和乌鸦这样非常聪明的动物也需要进行数十次训练才能学会这样做。而鸭子在未经训练

① 尽管只有一天大，但小鸭子却可以在没有奖励的情况下学会"相同"和"不同"的概念。这使它们远远领先于黑猩猩、鸽子、鹦鹉、乌鸦，甚至人类儿童，后者都需要更多的尝试才能做对。小鸭子并不比其他动物聪明，但它们快速、自动的学习，或者说印刻行为，是一种重要的生存适应，可以防止它们在脆弱的最初几周里因失去母亲的照料而无法独立生存。

的情况下，在生命中的第一天进行的第一次尝试就做到了。

这并不是说小鸭子比猿类、人类婴儿或乌鸦更聪明。相反，这种复杂的类比思维能力似乎是所有鸟类共有的。鸭子属于雁形目，在进化上比大多数新鸟小纲动物更古老、更不聪明、更不专业。另外，有类似的证据表明，一些新鸟小纲动物也具有类比思维，这使我们有充分的理由认为，从鸭子到乌鸦，介乎两者之间的一切鸟类都可能以这种方式来思考和操纵信息。鸭子向我们展示了大多数或所有鸟类的共同之处。

* * *

作为一个整体，鸟类是一个聪明的群体，其聪明程度在普遍性上也许超过了任何其他具有相似多样化程度的动物群体。高度智慧的物种会出现在各种各样的动物中，跨越了生物分类学概念中的门，也跨越了我们自己的门——脊索动物门——内部的通常分组。在无脊椎动物中，头足类动物，如章鱼和乌贼，很可能是冠军级的思想家，尽管蜜蜂和一些蜘蛛也同样令人印象深刻。脊椎动物具有广泛的智力多样性，但令人兴奋的认知能力都出现在哺乳动物和鸟类身上。而且我认为，在这方面，鸟类的表现也许要更令人印象深刻。哺乳动物的范围很广，从大脑完全光滑（如果这样算是可爱的话）的考拉（考拉无法识别它们面前盘子里放着的唯一的食物来源——桉树叶），一直到灵长类，包括我们自己。

鸟类的智力并没有达到人类的高度，但研究表明，几乎每一种鸟类都有一个相当强大的大脑，能够进行抽象推理。最聪明的鸟类，如乌鸦，在能力上表现出与我们的灵长类近亲显著的相似性。（我甚至还没有谈到鹦鹉，但我后续会的。）

那么，回到本章开篇处，"鸟脑袋"应该是什么意思？如果我们要继续滥用这种偏见，我们不妨让它变得更准确一点，并把它当作一种赞美。"鸟脑袋"可以说比"哺乳动物的脑袋"更有可能用来形容一种相对聪明的动物，而且我认为我们不应该把它当作一种侮辱。我们再一次看到，人类和鸟类共同的生活如何将这两个群体推向类似的生活方式，而且在一开始时我们像恐龙和它们脚趾间的啮齿动物一样相距甚远。长寿和巨大的大脑一起出现不是偶然的，而是因为其中一个放大了另一个。人类的智力进化方式比鸟类更极端，鸟类从飞行中得到了额外的提升，但它们的飞行能力最终使其走上了与我们相同的道路。正如我说过的那样，我们的巨大的大脑最终让我们也飞了起来，而鸟类的飞行也使它们拥有了巨大的大脑。发达的大脑和很长的寿命导致了在另一件事情上，人类与鸟类相同，却几乎与任何其他哺乳动物都不同：家庭生活。

第四章

**至死不
分离**

你是由没有欺骗行为的双亲养大的吗？如果是的话，你知道为什么吗？

如果这样说太敏感，让我更巧妙委婉地问出同样的问题：你见过雏鸽吗？

当我最初开始研究鸟类行为时，一些朋友和家人问了我一个让儿童和成人都很困惑的"民间小谜团"，即："雏鸽在哪里？"我们的城市里到处都是鸽子，但你见过雏鸽吗？

这是你在学校可能会被朋友问及的问题，或者在饭桌上与家人讨论生活中的小怪事时可能会谈及的问题，它一直萦绕在我的脑海里。当然，我见过成百上千只雏鸽！但我明白为什么大多数人都没有见过，或者更确切地说，他们认为自己没有见过。

鸽子，或称岩鸽，是一种适应性的奇迹。它们是当今世界上一个成功进化的故事，且受到了人类自上而下的影响。岩鸽之所以被称为岩鸽，是因为它们的原始栖息地位于欧洲各地以及亚洲和北非交界处的悬崖和岩壁之间。我们无法准确地确定它们的原生地，因为我们长久以来一直都把它们养在我们身边。我们驯养鸽子是为了获得鸽蛋、鸽肉，让它们参加比赛、表演和发送信息，如今在大多数有人类的地方都能发现它们的身影。这些种群中有许多是被放生的，也就是说，它们是家鸽的后代，而不是野生种群的后代，但在大多数情况下，除了用于表演的品种外，被驯养的鸽子基本上与野鸽没有什么区别。（它们生活在世界各地，且经过频繁的杂交，因此现在很难说"野生鸽"到底意味着什么。）鸽子是一种在人类世界中表现得非常出色的动物。

这样说的原因不难理解。鸽子是健壮的鸟类，肌肉丰满而结实，可以忍受各种温度和气候。它们几乎什么都吃，大城市中心的游客非常清楚这一点。最重要的是，与许多鸟类不同，鸽子不是在树上、洞穴、草原或任何其他我们人类倾向于破坏的栖息地筑巢，而是在岩石或墙壁上筑巢和生活——而这正是人类倾向于大量建造的一种栖息地，我们称它们为"建筑物"。对鸽子来说，这些"建筑物"同样出色，它们上面布满了小壁架和空洞，非常适合鸽子筑巢。（至少就传统建筑而言。我怀疑包豪斯风格的建筑和现代主义建筑并不受鸽子欢迎，因为它们的玻璃太多，且飞檐太少。）而且，由于我们破坏了所有其他类型的栖息地，所以在我们的城市中很少有其他动物能与鸽子竞争或捕食鸽子。人类让世界充满了有丰富的食物、没有捕食者、密集地聚在一起的鸽子栖息地——只不过人类称之为城市。

对于世界上大部分地区的城市居民来说，鸽子可能是我们生活中最常见的非宠物类脊椎动物物种。就数量而言，在许多情况下，它们可能会比老鼠少，但这些快速移动的夜行性哺乳动物比昼行性的鸽子更少被人类发现，因为鸽子总是在我们经过的街道和广场上大胆地昂首阔步。有了这样一个明显的存在，我就可以理解为什么人们对没有看到雏鸽的现象感到奇怪了。

当大多数人想到雏鸟的时候，他们会想到关于雏鸟的两个版本。一个版本，是一只几乎没有羽毛、弱不禁风、没有视力的刚出壳的雏鸟从后花园或公园的巢中坠落，它处于寒冷和饥饿的致命危险之中，几乎无法移动。在这一版本中，人们有一种非常普遍但不准确的想法，即把雏鸟放回巢中弊大于利。这样的讹传比比皆是：雏鸟一旦暴露于人类世界中，雌鸟就会"拒绝"自己的孩子，或者它一开始就会把雏鸟推出鸟巢。

　　我们的头脑中还有一个更准确的想法，那就是这个没有视力、全身赤裸、鼓鼓囊囊的婴儿会慢慢地被高度细心的父母喂养，变得胖乎乎、毛茸茸，大张着嘴大声乞求能得到另一次喂食，挤在巢里的兄弟姐妹身旁。让我们用莎士比亚的风格将这种现象称为雏鸟的"啼哭呕吐"模式。

　　在另一个版本中，我们还发现了另一种常见的景象：一个声音高亢、热情洋溢、缓步慢行、不时啄食、调皮捣蛋、双腿毛茸茸的小肉球能做到它母亲能做的大部分事情，但做得很糟糕。例如一只毛茸茸的，可以行走、进食、游泳、快跑的小鸭子，或者在母亲脚边啄食的小鸡。这样的雏鸟仍然需要从别处获得温暖和保护，但比起啼哭呕吐模式，它已经是一个完全独立和强健的生命。我们称其为"毛茸茸的小大人"模式的雏鸟。

　　我认为，大多数人在想到雏鸟时，脑海中都会出现这两种模式，而且这两种模式确实都是存在的。但如果有人认为鸟类可能先后会经历这两个阶段，那么他就错了。我可以理解一个为是否该拯救一只从巢里掉落的无助小鸣禽而苦恼，而后又在公园里喂小鸭子的人会怎么想：首先，鸟类在啼哭呕吐；然后，它们会成长为毛茸茸的小成鸟；最后，它们长大成熟了。

他们可能会认为，鉴于毛茸茸的小成年鸣禽是在高高的树上的小巢穴里长大的，所以它们就像啼哭呕吐的婴儿一样不容易见到；同样，他们可能会认为，公园的某处芦苇丛中藏着一个鸟巢，里面满是啼哭呕吐的小鸭子，它们经历了数周的成长，才作为毛茸茸的小成鸭自信地大步前进。

这就是关于鸽子的谜团出现的原因。鸽子虽然是优秀的飞行者，但它们是在户外、在地面上、在我们的城市里生活的鸟类。那么，为什么我们可以看到小鸭和小鸡这样毛茸茸的小成鸟在春末夏初与成年鸟一起奔跑，而在鸽子身上却看不到同样的情景呢？

答案是，这种可能很常见的想法是错误的。所谓的啼哭呕吐以及毛茸茸的小成鸟阶段根本就不是什么成长阶段，而是两种不同类型的鸟类生长模式，物种的成长只遵循其中的一种或另一种模式。当然，我们已经知道了鸭子的成长模式，正如第三章讨论过的那样，鸭子在它生命中的第一天就已经在行走、游泳和学习了。事实上，这两种不同的成长模式都有各自科学的名称——采用"啼哭呕吐"成长模式的幼鸟被称为"晚成性雏"（孵出后需要雌鸟照顾一段时期的、晚熟的雏鸟），而那些生来就毛茸茸的小成鸟则被称为"早成性雏"

（孵出后立即离巢的、早熟的雏鸟）。

我们注意到的是那些早成性雏，它们跟随母亲或父母，几乎从一孵化就开始在大千世界里游荡。鸡、鸭、鹅、天鹅、火鸡和所有在许多情况下被称为"家禽"的鸟类都属于这一类。在澳大利亚灌木火鸡①的案例中，雏鸟在孵化时就已经很成熟了，父母根本不需要留下来照顾它们，小火鸡的羽毛一干就可以飞行——尽管它生下来才不过区区几个小时。

晚成性的鸟类是那些我们只有在它们从巢里掉落时才能看到其雏鸟的鸟类。这种鸟类在父母的悉心照料下成长了数周时间，直到它们看起来非常接近完全成熟的成年鸟才会离开鸟巢。所有的鸣禽、乌鸦、鹦鹉和大多数其他类型的鸟都属于这一类，正如你现在已经猜到的那样，鸽子也是属于这一类②。

---

① 灌木火鸡是高度早成性的动物，它们的幼鸟孵化后高度发育，基本上可以自食其力。有些品种甚至在孵化后的几小时内就能飞行。

② 鸽子是一种晚成性的物种，这意味着它们的雏鸟孵出时处于发育不全的状态，孵化后需在父母的持续照顾下在巢中度过很长一段时间。当雏鸽离开鸟巢并被人类看到时，它们几乎与成年鸽子没什么不同。

在我们看来，鸽子像是我们期望归入第一类的那种鸟。它们的体形很大（就鸟类而言），身材像鸡一样圆，通常待在地面上，而且很普通。因此，在我们的头脑中，我们期望它们遵循鸡的生长模式。但是，正如我们在第三章中了解到的那样，鸡、鸭和其他孵出后立即离巢的鸟类都属于鸡雁小纲，而鸽子则属于庞大的新鸟小纲——事实上，它与企鹅、海燕和鹦鹉的亲缘关系要比它与鸡或鸭的关系更密切。鸟类的分组并非完全具有可预测性。新鸟小纲是一个庞大而多样的群体，包括两种类型的鸟类，从属于高度晚成性的鸣禽，到典型早成性的鸻鹬（然而，一般来说，不属于新鸟小纲的鸟类——包括家禽和不会飞的平胸鸟类——都是早成性雏）。幼年鸽子像其他晚成性雏一样，一直待在巢里，直到几乎无法将它与成年鸟区分开为止。

然而，如果你仔细观察，你还是能发现它们的。它们看起来比丰满的成年鸽子更苗条一些、瘦小一些，而最能说明你看到的是一只刚离巢的小鸽子的标志就是鼻瘤。也就是鸽子鼻孔周围一团多节而干燥的肉，鼻瘤位于喙的顶部，在此与头部的其他部分相连。如果一只鸽子的鼻瘤看起来仍然丰满、光滑、有光泽，那么你看到的就是一只雏鸽。此外，在通常情况下，幼鸽虽然看起来已经很像成年体，但仍然会发出细小的唧唧声。到第一年年末，鸽子的鼻瘤就会变成多节，这时鸽子就长大了。"幼"鸽随处可见，至少在一年中的部分时间里确实如此——因为当我们看到它们时，它们就已经长得很像它们的父母了。

* * *

在我看来，对鸟类的分类似乎总是涉及一种情况，即重复说"除了……外的一切"。当我们把鸟类分成两组时，一组是小而具体的，另一组则是"除了"第一组外的一切鸟类。在某种程度上，理想的分类总是如此，但在鸟类中这种情况似乎特别明显，部分原因是鸟的种类太多了。因此，首先，我们将所有鸟类（鸟纲）分为古颚总目和今颚总目。前者是体形较大的不会飞行的平胸鸟类，后者是除古颚总目以外的一切鸟类。然后，今颚总目又被分为鸡雁小纲和新鸟小纲，前者是陆地鸟类和水禽，后者是所有其他鸟类。新鸟小纲更有趣一些，有五个不同的亚组，但即使这些亚组也不是平等的伙伴。其中四个亚组相当具体：蜂鸟、蛙嘴夜鹰和其他大头树栖鸟类；蹼鸡和鹤；不是家禽的水鸟，包括从火烈鸟到鹳和企鹅等；以及白鸽和灰鸽。第五个亚组同样是其他鸟类。这个过程持续了好几次，我们剥离了秃鹰，然后是猫头鹰，再然后是猎鹰，最后是鹦鹉，现在只剩下最后一组"除了……外的一切"，即雀形目鸟。

鉴于鸵鸟、鸡、企鹅、鹦鹉、猫头鹰和蜂鸟都被恰当地归为一组，那么雀形目鸟似乎将是一个在体形和具体性方面相似的群体。但这就是为什么"除了……外的一切"的趋势对鸟类来说显得如此意义深远。尽管我们已经排除了所有不同类型的鸟类，但雀形目鸟占了所有鸟类的一半以上。这使得用与其他鸟类相同的广义术语来描述这个群体有点困难，尽管它们通常被称为鸣禽或雀形目鸟。这个名字表明，该群体中包括莺、知更鸟和麻雀等品种，以及其他典型的小型鸣鸟，它们当然是雀形目鸟，但该群体中还包括乌鸦、琴鸟、园丁鸟和食蜜鸟等。这是一个庞大而多样的群体，但雀形目鸟的一个共同点是它们无一例外都是晚成性雏。

单这一点，就意味着大多数鸟类都是晚成性雏，尽管在鸭子、鹅和鸡身上存在早成性雏的著名例子，但晚成性雏确实是鸟类中占压倒性多数的模式。与雀形目鸟一样，它们的近亲鹦鹉也是晚成性雏，猎鹰、猫头鹰、鸽子、蜂鸟和许多其他的种类也是如此。这意味着绝大多数鸟类孵出的都是非常不成熟的无助幼鸟，这些幼鸟需要长期得到大量照顾。

如果你曾经抚养过一名人类婴儿，你会从这个描述中知道，鸟类的行为再一次与我们非常相似。

* * *

人类婴儿是一种令人着迷的生物。我们的孩子在出生时是所有胎盘哺乳动物中最弱小和最不发达的，发育到哪怕能够部分地照顾自己所需的时间也是最长的。正如我们之前指出的那样，有袋类动物也会产下高度发育不全的幼崽，但这些幼崽一出生就会立即被转移到育儿袋中。在那里，它们会吸住母亲的乳头，乳头会膨胀以填满幼崽的口腔，将它们锁在原地，持续吸收几个月的直接营养之后，幼崽将发育得更好，直到可以离开育儿袋，独立行走，并自己进食。这有点像第二次怀孕，而且比我们人类养育孩子要容易得多。

与我们的胎盘哺乳动物伙伴相比，我们是独一无二的。作为成长和断乳所需时间最长的幼崽之一，大象幼崽会继续与母亲待在一起，哺乳期长达两年或更久，比一些人类幼崽还要长。然而，它们在两周大时就能行走，三个月时就开始自己觅食。

按照哺乳动物的标准，人类的童年是相当漫长的，并且在童年的人类依赖性极高，而且我们的孩子需要非常、非常高昂的抚养费。

正如我们在第三章中了解到的那样，我们之所以有如此长的婴儿期和童年期，部分原因是我们的大脑很大，或者更确切地说，我们的头部很大。人类的体形作为一种胎生动物来说是相当笨拙的。与其他大猿相比，我们的臀部窄小，向前倾斜，达到了相当极端的程度。反过来，与我们的臀部相比，我们的头部相对较大。与我们母亲的臀部以及我们婴儿期的身体相比，我们在婴儿期的头部尤其大，因此，人类的分娩是极度危险的——就这一点而言，几乎任何其他脊椎动物都和我们不一样。人类的分娩至少需要几个小时，并且可能会持续一天以上，而出生的实际"时刻"很难说是一个时刻，一个新生儿在最后通过产道时可能要花上一个小时或更长时间。相比之下，黑猩猩产下整个幼崽的速度相当快，所以它们往往会有一个相当激动人心的出生时刻。

这种难产是我们为自己的"巨大头部"和"巨大大脑"所付出的部分代价。大脑的发育需要很长时间和很多能量。

原则上，这种发育既可以在子宫内进行，也可以在出生后进行，但大脑在出生后长时间发育的缺点是，新生儿离开母亲的子宫直接面对世界时，大脑仍然十分不发达。这就是人类做出的妥协，这给我们带来了双重困难。我们的婴儿在出生时有一个巨大的头部，这会导致痛苦、危险、创伤性的分娩，然而，我们最终形成的大脑比刚出生时还要大得多，需要的发育时间也长得多，因此，新生儿仍然需要长达几年的持续和精心的照顾，才能够勉强自理。其他大猿出生时的大脑约为其成年大脑重量的40%，而人类婴儿的大脑只有最终成年大脑重量的30%，这就使人类大脑的大部分成长过程需要在子宫外进行。

这样一来的结果是，人类的婴儿看起来是高度晚成性雏。这不是一个通常被用于哺乳动物的词，与在蛋中发育相比，胎生幼体在子宫中可以更进一步地发育。对我们人类来说，由于我们非常清楚怀孕的不适和分娩的痛苦，所以孵化似乎具有极大的吸引力。在（相对）舒适的情况下产下一个大小适中的蛋，在孵化过程中照顾它（在这个高度发达的现代社会，也许还可以借助电子孵化器），在无痛（对父母而言）孵化之后，迎接你的新宝宝来到这个世界。然而，对于其他那些更容易怀孕、幼崽头部更小且生产更容易的哺乳动物来说，孵化似乎并不那么有吸引力。在子宫中孕育幼崽的胎盘哺乳动物可以为这些幼崽提供源源不断的能量和营养，这些营养源只受限于母亲能吃多少食物。母亲进食，它获得的营养可以通过胎盘和脐带传递给幼崽。这意味着怀孕的时间可以无限长，至少从为幼崽提供食物的角度来看是这样。只要幼崽不会因长得太大而无法安全出生，它就可以继续在母亲体内安全地成长，母亲的主要护理职责就是比平时吃得更多，并保证自身安全。鲸鱼的怀孕期远远超过一年，而大象的怀孕期几乎达到两年。这些庞大的动物可以在很长一段时间里孕育出一个巨大的幼崽，但相对于母亲的巨大体形来说，这个幼崽仍然可以安全出生。因此，母亲怀孕的时间越长，幼崽出生后脆弱无助的时间就越短，这是有道理的。

相比之下，孵化是一笔糟糕的交易。一个蛋必须包含从蛋被产下时到幼崽破壳而出时发育所需的全部营养成分。这意味着，不仅幼崽无法长时间在蛋中进行发育（因为蛋中的营养物质数量是有限的），而且母亲需要一次性把幼崽所需的全部营养物质都注入蛋中，而不是将幼崽在孕期所需的全部发育营养分开来提供，这对雌鸟来说是巨大的消耗。此外，蛋一旦被产下，它就在雌鸟体外，与雌鸟分开，但通常仍然需要得到悉心照顾：防止被捕食者吃掉，让它保持温暖和清洁等。然后，一旦被孵化出来，幼鸟必须在孵化阶段的发育水平上成长，对于晚成性的鸟类来说，这是一个非常苛刻的时期。如果阅读本书的母亲能想象她们在孕期感到的所有疲惫都被浓缩在一次产蛋的过程中，而且产下的蛋必须像新生儿一样得到仔细的照顾，而这些仅仅是为了孵出一个仍然需要这种级别护理的新生儿，那么你就可以理解卵生的弊端了。

和婴儿一样，蛋也有一个可以被安全产下的大小限制。然而，这个大小不仅是最终孵化出的雏鸟的大小，还必须包括雏鸟在孵化过程中所需的全部能量和营养。蛋黄中提供的一些营养物质将被直接用于构建成长中的雏鸟的身体，但雏鸟将一直呼吸并燃烧能量，所以这不是百分之百的转化，而是有大量的营养物质损失的转化。因此，蛋的孵化期要比哺乳动物的怀孕期短得多。蛋的孵化期最长的是几维鸟、漂泊信天翁和帝企鹅。几维鸟和漂泊信天翁的孵化期都在 85 天左右，其中有中断的情况（如外出觅食），而帝企鹅从产卵到孵化会不间断地坐巢 65 天。这就限制了蛋中幼体的发育程度，而哺乳动物则根本不存在这种限制。晚成性和早成性这两种鸟类的繁殖策略都是在蛋允许的有限发育时间内就"优先考虑什么"这一问题做出的妥协。有些鸟类优先考虑让雏鸟的身体和基本行为在孵化时达到要求，这些鸟就采用了早成性策略。其他鸟类的身体发育水平要低得多，它们把时间用于对巢中无助幼鸟的继续抚养上，这种鸟就采取了晚成性雏策略。现在，你不必猜测也能知道哪种类型的鸟倾向于发育成更聪明、更高度发育的品种：乌鸦、鹦鹉和鸣禽采取晚成性策略，而火鸡和鸡采取早成性策略。

由于胎盘哺乳动物没有产蛋所施加的相同限制，所以我们不倾向于称它们的幼崽为"早成性雏"或"晚成性雏"。但是，如果我们真的试图使用这些词，那么与鹡鸰雏鸟相比，几乎所有哺乳动物所生的幼崽都是非常典型的早成性雏：它们在出生第一天就能比小鹡鸰做得更多，并在生命早期看起来更接近它们的成年状态。因此，区分哺乳动物的早成性雏和晚成性雏是没有意义的。实际上，只有一种胎盘哺乳动物可以被称为晚成性雏，那就是我们人类。

巨大的大脑是人类最重要的特征，也是人类繁衍后代的一个风险所在。由于我们已经讨论过的原因，胎生在进化上是一种罕见且极具价值的进化发展。哺乳动物是唯一一个普遍生育活体幼崽的群体（严格地说，要除了鸭嘴兽和两种针鼹），而在其他群体中，这往往是一种罕见的现象——只有几种昆虫、鲨鱼、蛇和青蛙也发展出了类似的适应性。由于产卵对大多数动物而言是一种公认的缺陷，所以要实现胎生，就需要大量复杂的进化步骤。然而，巨大的头部和窄小而竖直的臀部已经把卵生动物的一些局限性强加在人类身上，因此我们不得不在后代的发育上做出妥协。

在进化过程中，有多种优先事项迫使物种做出妥协，或陷入自我持续的循环中，这都是很常见的情况。我们的双手非常灵巧有用，部分原因是我们在大脑中投入了大量能量来控制它们。因此，我们的大脑更大，以提供这些能量，来指挥我们的双手实施各种灵巧而有趣的任务。这需要我们更加灵巧和精细地控制双手，所以它们需要更多的脑力——一个良性循环就此产生，促进了更大的大脑和更好的手部灵活性。然后，由于我们的双手和大脑密切协作，我们优先让双手时刻处于闲置状态，而不是用它们来帮助我们行走和保持平衡。这就是为什么我们可以直立行走，而不是像我们的其他近亲猿类那样弯腰驼背，用手臂支撑身体。然而，我们的直立姿势也造成了各种问题，从我们相对大而长的脚，到我们的慢性背痛，再到我们过窄的胯部。多个优先事项相互促进，相互加速，迫使我们的最大优势——巨大的大脑和直立姿态——重新将卵生的旧局限施加在我们身上。虽然我们不下蛋，但我们危险的怀孕和生产行为的现实情况都意味着，我们必须像下蛋的雀形目鸟一样处理类似的时间限制和发育限制——因此，我们产下的是类似晚成性雏的婴儿。没有任何进化优势是免费的，而且，人类处理哺乳动物问题的不寻常做法再次让我们模仿了鸟类的解决方案。

除了人类与雀形目鸟在大脑大小和出生前发育水平之间做出的妥协，生育晚成性幼崽其实有很多优势。几乎所有在认知能力上令人印象深刻的鸟类都是雀形目鸟，这与它们的晚成性幼鸟不无关系。晚成性幼鸟不必在孵化（或出生）时就"完成发育"，它们在巢中的总时间更长，这意味着它们可以变得更加复杂，特别是在大脑功能方面。

在第三章中，我们考察了一些不同的智力候选指标：大脑的大小、脑身质量比和神经元数量——尽管在进行跨物种的广泛比较时，这些指标都存在严重问题，而且存在许多例外。动物智力的另一个指标似乎比这些其他候选指标更可靠，那就是出生或孵化后与出生前或孵化前相比的大脑发育相对量。晚成性雏的发育在这里显然很有吸引力——一开始，它们大脑的发育程度较低，而经过很长一段时间后会大幅增长。与此同时，早成性雏的大脑在出生时几乎是发育完全的，并且在青少年时期也不会出现太大增长。

这似乎可以解释智力出现的原因与我们在第三章中对智力的定义有关——即根据收集的信息和经验来创造新的、未经编码的行为的能力。这就是为什么在子宫或蛋中获得的大脑重量对智力的价值不如在子宫外或蛋外的世界中获得的大脑重量。出生或孵化前形成的大脑的重量主要是经过预先编码的大脑的重量，根据动物 DNA 的指令进行生长，并载有可以自动执行基本生命行为的信息。出生后获得的大脑重量是神经元生长和出现新的神经连接造成的，可以反映动物在世界上正在经历的学习。因此，当动物在观察、学习、试验解决方案以及与其他动物进行互动时，拥有一个晚熟的大脑将为动物保留更多的大脑发育时间，从而拥有一个更聪明的成年大脑。或者说，至少在理论上如此。同样，跨群体比较仍然很困难。从鸟类的角度来看，长颈鹿在出生时是相对早熟的，但你很难断言这会使它不如晚成性雏的知更鸟聪明。其他因素，例如卵生造成的发育限制，以及一些其他因素仍然影响着智力这一复杂的问题。但至少我们可以自信地说，在相当类似的动物群体中，出生时大脑仍有很大"成长空间"——也就是晚熟的大脑——的物种成年后在智力方面会比孵化或出生时大脑完全成形的物种有很大的优势。

然而，晚成性幼体也有一个很大的劣势。正如所有人类父母都知道的那样，养育一个晚熟的婴儿是一项艰巨的工作。喂食、保暖、保护、清洁、教育——一天中的每一个小时都可能充满了对一个宝贵的孩子至关重要的活动。对于现代人来说，在科技发达、供给充足的城市里，这都会让人精疲力竭，有时甚至会令人沮丧。而对于大部分时间都生活在饥饿和捕食边缘的动物（和人类）来说，这很危险。满满一窝无助的、难以被满足的幼鸟，一小时就需要喂食数次，而且一天中的大部分时间都必须保持它们的温暖，这对父母来说是一种致命的负担。就鸟类而言，这种责任剥夺了它们最有利的特征——飞行。一只带着新雏鸟的雌鸟不能飞走，即使离开几分钟也可能会对它的孩子造成致命的伤害，无论这种伤害是体温下降、饥饿，还是被捕食。

这也给父母带来了巨大的能量需求。对大多数动物来说，生存就是一场与饥饿做斗争的日常战争。获得"足够"的食物就是一种胜利，而"丰富"则是罕见的。而一只为人父母的鸟要面对的问题更加复杂——这只鸟必须找到足够的食物来养活自己和它们不断长大的后代。此外，由于来回收集这些食物所需的奔波，它们自己对食物的需求也比正常情况下更大。就像人类父母一样，晚成性雏类的父母会花一整天的时间，从早到晚地照顾它们无法移动的、无助的雏鸟。

注意，是"双亲"，而不是"单亲"。养育一个晚成性雏的后代根本不是一个人或一只鸟的工作。晚成性的鸟类至少需要两只成年鸟来照顾幼鸟，原因很简单，一只鸟不可能在为幼鸟取暖的同时喂养自己。而早成性鸟类则更容易做到这一点。在孵化期间，它们需要在蛋上坐几个星期，但在此期间，蛋唯一需要的就是温暖和偶尔的翻动。雌鸟（对于早成性鸟类来说，孵蛋的通常都是雌鸟，虽然有少数例外）可以每次离开蛋几分钟去进食和饮水，而蛋自身可以保持足够的温度来保持安全发育。它不需要在外出时为正在成长的婴儿觅食，只需喂饱自己并在蛋变得太凉之前返回即可。对于像鸭子这样的早成性雏来说，当蛋的孵化期有周期性冷却时，它们的孵化率实际上会更好。在我和同事的小鸭实验室里，我们用孵化器来模拟它们的母亲，我们将温度降低大约半个小时到一个小时，然后再将温度调高。

一旦早成性的幼鸟被孵化出来，它们需要在身体变干燥的过程中再被保温一天左右，然后它们就可以开始移动，四处啄食，喂养自己，并时刻跟随着它们的母亲。在大多数情况下，它们身边也只有它们的母亲。照顾早成性的幼鸟是单亲家长力所能及的事，事实上通常也是如此。

鸭子是早成性模式的最佳例子之一。由于雏鸭能够部分地照顾自己，所以雄鸭在与雌鸭交配后没有太多理由留下来。产蛋的是雌鸭，所以雄鸭能够在交配后离开，而雌鸭会孵化这些蛋，然后保护这些在成熟过程中跟随它的雏鸭。有些雄鸭会在孵化过程中再逗留一段时间，以便提供一些保护，但它们一般不会参与养育雏鸭的过程。从进化的角度看，这种模式是有道理的——雄鸭的帮助没有好处，雌鸭有能力独自完成这项工作，而且雄鸭会因留在原地而将自己置于危险之中，毕竟孵蛋的鸭子实际上是一个任由捕食者摆布的活靶子。被敌对的捕食者发现巢穴的雌鸭有两个糟糕的选择：留下来守卫，那么很可能会在这个过程中丢掉性命；或者逃跑，将它美味且营养丰富的蛋留给捕食者。这是一项巨大的成本，因为每年一窝的雏鸭对鸭子的成功繁殖而言至关重要，而且很难保证它能活到第二年进行再次尝试。由于雌鸭别无选择，只能承担育雏任务，而且有能力独自完成，因此雄鸭没有动机将自己置于同样的风险之中。它会保护自己的配偶不受其他想与之交配的雄鸭的伤害，可一旦配偶产下蛋，它就不会再逗留。

尽管如此，与其他由单亲抚养的鸟类和许多哺乳动物相比，雄鸭子还算是有风度的。鸭子应季交配，尽管众多雄性都可能试图去赢得同一只雌性的芳心，但成功找到配偶的优质雄性通常会在整个求偶季和交配阶段与雌性独处。雄鸭在同一个季节里繁育多窝鸭雏的情况确实存在，但并不常见。这种行为被称为季节性一夫一妻制，它不同于真正的一夫多妻制，原因是每年（通常）会有对单一配偶的承诺。将鸭子与另一种早成性的鸟类——野火鸡进行比较，后者才是真正的一夫多妻制。在火鸡身上，除了鸭爸爸离开配偶的所有原因外，还有另一个原因：离开使它们有机会得到更多的配偶。一只雄性火鸡可能在一个季节里与多只雌性火鸡繁育多窝后代，并让每只雌性火鸡照顾由此产生的早成性雏。即使它能帮助雌火鸡在易受攻击的第一年保护一两只额外的雏鸟免受捕食者的伤害，但这样做从进化的角度来看也是没有意义的。通过寻找越来越多的配偶，雄火鸡有可能再生产几十只后代，所以它当然不能参与帮助养育所有这么多窝雏鸟的过程。

不过也有例外，这些例外中有一些还是鸭子的近亲。大多数鹅和所有天鹅都是由双亲照顾的早成性物种[①]。在这些情况下，雄性会在整个孵化期守护雌性和巢，帮助保护幼鸟（幼鸟会对父母双方起印刻作用并跟随它们），并在整个育雏过程中继续为幼鸟和雌性提供照顾和支持。这似乎令人惊讶，因为雄性天鹅承受的压力与雄鸭子非常相似。就像鸭子一样，雄性天鹅与雌性天鹅待在一起并站岗守卫它们的后代，从而将自己的生命置于危险之中。那么，天鹅为什么会留在原地？原因是它们是真正的一夫一妻制动物。天鹅和许多鹅都是终生结伴的，它们在早年结成一种配对关系，而且很少"离异"。伴侣的死亡，或罕见的离异，往往是剩下的伴侣繁

---

① 天鹅终生结伴，父母双方都可以帮助抚养小天鹅。因为成年天鹅一生只需要吸引一个配偶，所以雄性天鹅不需要像绿头鸭那样在华丽的羽毛或大胆的色彩上进行投资。终生结伴、双亲照顾和外表相似，这些特征往往一起出现并相互加强。

殖生命的终结（尽管它们可以而且有时确实会与新的伴侣重新进行配对）。与雄鸭相比，这改变了雄性天鹅的生存游戏规则：如果雄性天鹅离开，并使它的配偶和鸭子一样面临被捕食的风险，那么它就是在将自己未来的繁殖潜力置于危险之中。而鸭子不会这样做，在正常情况下，一只优质的鸭子会在转年找到一个新的配偶。对于一只雄性天鹅来说，如果它的配偶被杀，那么它未来的繁殖潜力也就可能被扼杀，所以它有充分的动机留下来保护和帮助雏鸟。如果它留下来帮忙，它的配偶也不会因为抚育的过程而精疲力竭，而且更有可能为明年的另一次交配存活下来并保持健康。此外，与火鸡不同的是，雄性天鹅在特定的一年中没有其他窝雏鸟可以指望，所以它需要付出大量努力来确保自己唯一的一窝雏鸟都能活到成年。

这也与我们能够轻易地分辨鸭子和火鸡的雌雄而很难分辨天鹅或鹅的有关。雄鸭和雄火鸡都色彩斑斓，它们通过展示性的羽毛来显示它们的健康和强壮程度。这些羽毛具有许多色素以形成"虹彩效应"，要形成这样的羽毛可不容易，因为鸟类的身体需要有大量的能量才能产生这些漂亮的羽毛。而对它们的维护也不容易，就火鸡而言，雄性的大尾巴使其更难摆脱捕食者，至于鸭子，雄性的明亮色彩使伪装变得几乎不可能（特别是与雌性的斑驳褐色相比。雌性可以轻易地隐藏在河流和池塘边的植被中）。雄性的鲜艳色彩或长长的尾巴是它们向雌性发出的交配信号："如果我能进行这种令人印象深刻的展示，并在展示的同时保住自己的性命，那么你就该知道我会是基因上的优秀父亲。"雌性也希望这些优秀的基因能贡献给自己的后代，这样一来，它们就会有更好的生存机会，而对于它的雄性后代来说，它们找到配偶的机会也更大。季节性一夫一妻制的物种，特别是一夫多妻制的物种，需要对这些信号进行投资，因为它们需要经常留心吸引新的配偶。鸭子可能每年都得外出去赢得一个新的配偶，而火鸡要做到这一点则更难。一只雌火鸡每季只能产一窝后代，而雄火鸡和雌火鸡的数量大致相同。这意味着，如果一只成功实现一夫多妻制的雄性火鸡在一个繁殖季节里繁育了一窝以上的后代，那么它就会夺走其他火鸡的潜在配偶。所以每年都有许多雄性火鸡根本不会去管理任何一窝后代，雄性需要保持它们华丽的尾羽和明亮的红色肉垂，这样才能有机会将它们的基因传给下一代。

天鹅没有这个问题。一旦它们找到了一个配偶，除非发生灾难，否则它们永远都不需要再找另一个配偶。浪费资源，或为了发出只会使用一次的信号而让自己容易受到捕食者的伤害，这是没有意义的。像天鹅这样的一夫一妻制物种通常会通过某种仪式来吸引配偶，比如花样游泳、摇头晃脑、唱歌，或者可爱的疣鼻天鹅会在它们优雅弯曲的脖子之间形成一个心形。因此，雄性天鹅和雌性天鹅看起来几乎都是一样的。雄性天鹅在孵化期间保卫鸟巢的职责意味着它们需要和雌性有一样的隐藏能力，这时外形上的相似性就有了成倍的作用。当你选择了终生结伴模式时，明亮的视觉交配信号并没有意义。

和早成性的动物一样，晚成性的动物拥有相同的选择：它们需要在一夫多妻制、季节性一夫一妻制和真正的一夫一妻制之间进行选择。但它们要求更高的幼崽改变了选择的方程式，因为无论它们选择哪种方式，都需要解决单亲无法单独抚养晚成性物种幼崽的问题。

自然界中存在完全一夫多妻制的晚成性鸟类，但它们不是很常见，称它们为一夫多妻制就掩盖了它们养育幼鸟的复杂性。动物界的一夫多妻制有多姿多彩的具体做法，其中许多涉及某种群体生活和社会结构，而这种群体生活和社会结构有助于它们分散养育幼崽的任务。即使在自私的行为者中也可能出现合作，因为其他情况意味着没有谁的孩子可以存活。以哺乳动物为例，狮子可以说是一夫多妻制的动物——一只优质的、占支配地位的雄狮会领导一个由多只雌狮组成的狮群，并与其中许多只或所有雌狮进行交配。事实上，为了确保这一点，狮群的社会结构排除了其他的成年雄性。幼年雄性可能与母亲和兄弟姐妹一起留在狮群中，直到它们成熟，然后独自闯荡，建立自己的狮群。占支配地位的雄狮是一夫多妻制的，但它的雌性配偶不是只单独抚养自己的幼崽，它们与狮群中的其他雌性合作共同抚养所有幼崽。虽然幼狮作为食肉动物，出生时的发育水平比晚成性鸟类的幼崽要好很多，但它们仍然需要相当多的照顾。虽然新生的鹿很快就可以吃草，但狮子必须长大一些才能开始为自己猎取其他大型哺乳动物，所以它更依赖自己的母亲和狮群。狮子并不是晚成性雏，但它们的狮群帮助它们实现了一种一夫多妻制，这种方式比每一位母亲单独行动更成功。

这与火鸡的一夫多妻制截然不同，火鸡采用的是一种父亲完全不尽责的一夫多妻制。像这样的真正的单亲育儿方式只适用于高度早成性的物种。晚成性的鸟类不能使用火鸡的方法，但它们可以使用狮子的方法或其他类似的方法来支持各种一夫多妻制。

最具欺骗性的鸟类之一是壮丽细尾鹩莺。这些鹩莺有着复杂的社会生活。像许多鸟类一样，它们终生结伴，但这既掩盖了它们的许多调情行为，也掩盖了它们混乱的大家庭。壮丽细尾鹩莺夫妇终生都在一起，一季又一季地养育着雏鸟。但是，虽然它们在名义上是一夫一妻制的，但它们却因与配偶之外的其他鸟频繁交配而臭名昭著，雄鸟和雌鸟都会在返回它们的巢之前与其他鸟进行交配。结果是，任何一窝蛋都可能是多只雄鸟的后代。通常情况下，这对雄鸟来说是个问题——花时间和精力去帮助另一只雄鸟养育幼鸟的行为是一种资源浪费，并且会激励相关的雄鸟避免为养育子女做出贡献。事实上，对大多数物种来说，这是一些雄性发展"骗子"策略的绝佳机会——它们与众多雌性交配，但不协助抚养任何自己的幼鸟，而其他雄性则忙于在其他巢中帮助抚养骗子的幼鸟。起初，这是一个成功的策略，但随着时间的推移，它的成功也成为它的败笔：欺骗策略变得如此普遍，以至于没有足够的非骗子来照顾所有的后代，而一窝窝雏鸟也变得不那么容易存活下来。

细尾鹩莺之所以能避开这个问题，是因为尽管它们以成对的方式终生结伴，但并非只有这些成对的鸟在照顾一个特定的鸟巢。细尾鹩莺终生结伴，却与帮手合作共同抚养幼鸟。一对交配的鸟会和多达三只帮手鸟生活在一起，这些帮手鸟可能是也可能不是其中一只交配鸟或两只交配鸟的后代。这些通常比繁育后代的一对鸟要年轻些的鸟将协助保卫领地和抚养幼鸟。帮手鸟在建立起自己的团队之前，通常会扮演这一角色长达一到两年，这减轻了交配的夫妇在养育晚成性雏这一劳动密集型任务中的一些压力。事实上，这种压力足以让乱交在晚成性鸟类中持续存在。

一些自认为是不忠者（或其父母曾经出轨）的读者也许会发现，细尾鹩莺的育儿方式中的一些因素很熟悉。抛开乱交不谈，细尾鹩莺的模式与备受追捧的与祖父母共同抚养孩子的多代同堂家庭并无二致，也可能类似于大家庭的普遍做法，即由年长的兄弟姐妹来帮助照顾新生儿和学步期儿童。但与此相反的是，这种单亲模式与人们普遍接受和预期中的人类育儿的默认情况形成了鲜明对比：父母双方至少在名义上，在理想状态下，在性方面是一夫一妻制的。这种默认情况在哺乳动物中是不寻常的。雄性哺乳动物主要让雌性动物来单独抚养孩子，毕竟，有胎盘或有袋类哺乳动物的怀孕和哺乳在生物学上被限制为雌性的工作，雄性对此无能为力，不管它有多么想帮忙。一旦雄性与雌性交配并使其受孕，就主要是由雌性来投入精力和时间生产一窝健康的后代，而且在许多哺乳动物物种中，雄性甚至会在交配后完全离开。在其他情况下，雄性仍然是社会群体中的一部分，可能是作为一个更大的动物群体中的保护者或合作者，对后代的福祉安全作出贡献。我们的近亲黑猩猩和倭黑猩猩确实如此。两者都生活在由多只雄性和雌性组成的群体中，并且通常在群体中乱交（雄性黑猩猩会倾向于争夺雌性，并且会相当吝啬地保护与它们的交配机会，而倭黑猩猩则拥有更多性自由，但两者都不是一夫一妻制的，甚至在名义上都不是）。雄性仍然是群体中的一部分，但并不直接参与养育自己的幼崽，这些幼崽是由它们的母亲生产、哺育、携带和保护的。在形成长期配对模式方面，我们人类尽管在关系中存在着欺骗的现象，但对于哺乳动物来说，这已经是不同寻常的一夫一妻制了。

我们更像鸟类。尽管我们已经讨论了一些例外，但它们大多是实行一夫一妻制的：大多数鸟类至少在名义上是一夫一妻制的，无论是季节性的一夫一妻制，还是终生的一夫一妻制。而在几乎所有晚成性的鸟类中，这种一夫一妻制都转化成了双亲对幼鸟的照顾。部分原因是晚成性的幼鸟非常难照顾，另一部分原因是针对雄性的激励不同。虽然雄性哺乳动物在帮助哺育后代方面能做的较少，但雄鸟却几乎能做到雌鸟能做的一切。雌鸟在一开始就有一个更重大的投资时刻：产下一个比雄鸟的精子所需的营养、能量以及风险多得多的大蛋。但这仅仅是过程的开始，一旦蛋被产下，雄鸟就可以开始尽同样的责任。在一些物种中，比如鸽子，是由父母轮流孵化的，上午由雄性坐在蛋上，下午则由雌性坐在蛋上，或反过来。而在其他鸟类物种中，雌性会在整个孵化过程中都坐在蛋上，但雄性则会全程照顾它、喂养它和保护它，使它根本不必离开鸟巢。一旦幼鸟孵化出来，就不再会有必须由雌鸟来完成的哺育工作，因为父母双方都可以平等地为幼鸟捕食，或坐在巢中为幼鸟取暖。与哺乳动物相比，这样的工作更加平等，要求也更高。父亲坚持留在妻儿的身边并做出贡献是有意义的。因此，一夫一妻制（终生或季节性）与双亲照顾一起构成了晚成性鸟类的典型模式。鸽子、鹦鹉、乌鸦、企鹅、山雀——大多数雀形目鸟类和其他晚成性鸟类的群体都符合这种模式。

　　同样的效果也出现在人类身上。我们的孩子像雏鸟一样需要比其他哺乳动物多得多的照顾，而这完全超出了一个人的能力。我们的晚成性幼体要求很高，他们对照顾的需求超过了单人的能力，这使男性无法将怀孕和养育孩子的任务完全交给女性。然而，人们可能会在人类的一夫一妻制中看到一点矛盾。如果鸟类比哺乳动物更倾向于采用一夫一妻制，更倾向于采取双亲抚养制是因为它们能平等地分担抚育任务，那么我们危险的、使人衰弱的怀孕难道不应该使我们转向另一条道路吗？人类的怀孕方式及其带给女性的危险代表了在抚育子女方面的巨大不平等，而母乳喂养则进一步加剧了这种不平等。

　　人类仍然采取一夫一妻制的部分原因仅是必要性。如果一个男人想要繁育后代，他就必须确保孩子的母亲在怀孕期间能够存活，而且孩子在孕期之后也能存活。由于人类的怀孕是如此具有挑战性和令人衰弱，所以其他哺乳动物的那种让雌性独自应付怀孕之苦的通常做法根本不是可选项。孕妇需要帮助才能做各种事情，甚至是她们在怀孕末期的四处活动。在最初人类在东非大裂谷狩猎采集的时代，如果一个孕妇独自一人生活，没有伴侣，她将处于严重的生存劣势。此外，分娩和哺育一个非常年幼的婴儿会让一个女人筋疲力尽，受到伤害，身体变得虚弱。同样，男性也没有什么选择。他的繁育水平取决于后代的长久生存，而不仅是后代的出生，而他如果抛弃一个刚刚成为母亲的女人，让她自己照顾自己，就会让他的孩子的生存机会变得很渺茫。

　　人类养育孩子的时间之长，也使我们分担养育工作的行为看起来更像鸟类。人类的青春期特别漫长，至少有十年时间，我们需要依靠父母来帮助我们在这个世界上前进。父母十年中的努力可以让我们吃饱、保持安全、学习和成长，然后我们才有可能勉强考虑维持自身的生存。当然，一个 10 岁的孩子可以做一个三明治，但如果说到真正标志着孩子已经成功独立的标准，15 岁可能更准确。孕期的巨大痛苦使我们的怀孕（尽管十分重大）更像是一种不平衡的雌性生产鸟蛋的过程。是的，这是生殖过程中一个巨大的不平等因素，但它只是开始。尽管女性在怀孕和育儿的头两年中做的工作要远远超过男性，但这也许只是将孩子养育到可以独立所需时间的 10%~20%，而在其余 80%~90% 的时间里，男性都可以做出同等的贡献（即使他并不总是这样做）。男人和女人对子女的相对贡献和雄鸟和雌鸟对晚成性鸟类的相对贡献非常接近。一夫一妻制和双亲照顾是人类自然发生的行为，这使我们与最接近我们的哺乳动物近亲形成了鲜明对比。

* * *

人类会欺骗配偶，这种情况相当多。无论是从爱情的角度还是从进化的角度来说，人类对性的不忠确实是一种欺骗。

生物学家经常使用欺骗这个词。撇开它在人类语言中的贬义不谈，它描述了一些在动物世界中经常发生的事情，而且这些事情可能会成为进化的一个强有力的组成部分：为了个人利益而规避"规则"或正常的做事方式。当然，动物们并没有把规则写在什么地方，所以我们通常所说的欺骗是一种动物操纵另一种动物的本能行为，使之为骗子的利益而不是另一种动物自己的利益服务。在鸟类中，一种得到充分研究的非性欺骗行为被称为"孵育寄生"。这种行为在杜鹃中最为著名[1]，在牛鹂和其他物种中也很常见，而且它确实是一

---

[1] 杜鹃是进化骗子。与其说它们在交配中实施欺骗，不如说它们是通过利用其他鸟类来实施欺骗的。一只杜鹃妈妈会在另一只鸟的巢里下蛋，它的雏鸟会霸占宿主鸟的养育本能。杜鹃宝宝是专业的乞丐，即使它的体形已经大大超过了鸟巢和宿主鸟，宿主鸟仍会继续喂养和照顾它。

个大骗局。雌性杜鹃在与雄鸟交配后，不会在自己的巢中产卵，而是找到其他鸟类的巢（这些巢中已经有了鸟蛋），并在毫无戒心的宿主父母短暂离开时偷偷地将它的蛋和与其他蛋产在一起。它的蛋被精心安排在比宿主的蛋更早的时候孵化，而它新孵化的雏鸟通常会在生命的最初时刻把其他的蛋一个一个地推出巢外。毫无戒心的宿主雌鸟会认为杜鹃雏鸟是自己的孩子，并开始像照顾自己的孩子一样照顾它。杜鹃妈妈通常会把蛋产在一只体形比它小得多的鸟（比如莺）的巢里，甚至它十分年幼的孩子在离巢前也会长得比它的代理父母的体形大得多。杜鹃宝宝利用宿主的养育本能，展示它巨大的、非常红的喙，并发出急促的乞讨声，这些都迫使可怜的宿主鸟继续喂养它那体形巨大的巢客（图 4-4）。通过操纵另一只晚成性雏的鸟类强烈的父母行为，杜鹃妈妈可以确保它的后代在一个鸟巢中得到精心的照顾，而它不需要做任何的事情。它实施了欺骗行为，而且非常成功。

正如我们已经讨论过的那样，由于种种晚熟导致的无助，人类的婴儿需要得到更多的照顾，这些工作足以迫使我们进入一种双亲的、一夫一妻制的生活方式。对于任何人来说，如果他无须经历抚养孩子的艰辛就可以繁育大量后代（以及他们基因的许多副本），这在进化上将是巨大的进步。我想，我们中的大多数人都更喜欢养育自己的孩子，但对于那些完全没有道德的进化最大利益获得者来说，自己抚养并不划算。因为我们不产卵，所以女人没有机会成为育儿寄生者，她们生下的孩子肯定是她们自己的。但是，男人却可以成为育儿寄生者。事实上，一些男人的行为和孵育寄生鸟的行为之间的相似性创造了"有外遇的男人①"这个词，而这个词正是来自让其他鸟类养育它的孩子的杜鹃。设法让与不是自己妻子的女人秘密受孕的男人就是一种育儿寄生者。他创造了一个在基因上属于他的孩子，但他却不参与孩子的抚养，而是把这项任务留给另一个男人。

当然，即使这样做，女人仍然在抚养自己的孩子。那么，欺骗行为对她有什么好处呢？为什么要以她与可靠伴侣的关系为赌注来帮助另一个男人的孵育寄生行为呢？一种理论认为，这可以让女性利用最好的父亲来抚养孩子，同时还可以在她的后代身上得到骗子某方面优秀的基因。对任何雌性来

---

① 杜鹃的英文为 cuckoo，而"有外遇的男人"的英文为 cuckold。
——译者注

说，无论是人类还是其他动物，从进化的角度来看，择偶都是一种练习——为她的后代能够获得一套能使他们成功的基因的练习。雌性无法选择她的每个后代将会得到自己的哪些基因，但她可以选择由哪个雄性来贡献出子女的另一半基因。正如我们所看到的那样，采取欺骗行为的雄性有一个进化优势：他可以用很少的投资来产生很多的后代。从进化的角度来看，这是雌性可能希望她的孩子拥有的一种品质，这样他们也能在遗传上获得成功，特别是当这种成功也包括她贡献的那一半基因的时候。然而，很明显，在为养育孩子做出公平的贡献和帮助母亲照顾孩子的方面，采取欺骗行为的男性不是一个很好的父亲。如果母亲与骗子建立长期的伙伴关系，那她就会承担大部分的责任。相反，她完全可以选择一个长期伴侣，他是一个优秀的、细心的、勤奋的父亲，可以帮助她养育孩子，然后她再背着他与有遗传优势的骗子进行交配，这样她就可以两全其美。而那位好父亲，也就是妻子有外遇的男人，既是男骗子的受害者，也是女骗子的受害者[①]。

---

① 从社会伦理角度来讲，我们应该抵制并唾弃这种欺骗行为。——编者注

当然，在爱情的沧海桑田中穿梭的现代人并不会这样想。首先，许多人现在正从事防止自己的繁殖这一令人惊讶和可怕的工作——他们正在降低他们的繁殖适度。因此，对于现代读者来说，这样的想法可能看起来很奇怪：一个人可能会制定战略以拥有尽可能多的孩子。此外，对于我们的远古祖先——那些生活在东非大裂谷的早期人类来说，这些狡猾的计算是无意识的。没有人类仔细考虑过欺骗行为的遗传好处——他们之所以进行欺骗，是因为他们任由情感摆布。反过来，这些情感经过数千年的选择和精心调整，只是因为它们能在自身的环境中产生效果。一些人渴望对他们善良而忠诚的配偶实施欺骗，这与杜鹃在别人巢里产卵的本能一样，都是来自选择的压力。欲望就这样出现了，它的原因是模糊的。人类只能决定是屈服于进化的基本欲望，还是抵制这种欲望并执着于善良。

在欺骗行为中，至关重要是确保游戏中的大多数参与者都不是骗子——如果他们是骗子，我们就不会称这种行为是欺骗，而只是混乱。杜鹃是这样，人类关系也是这样。杜鹃的孵育寄生之所以有效，是因为大多数雀形目鸟类都是善良而细心的父母，它们的育儿本能是如此强烈，甚至可以克服这样一种怪异现象：在它们自己的幼鸟应该待的巢中出现了一只巨大的、看起来很奇怪的鸟。成为孵育寄生者的鸟类品种越多，为它们提供寄生的巢就越少。在某些时候，平衡会发生变化，当出现太多的孵育寄生鸟时，这就变成了一个糟糕的策略：如果你是一只强制性的孵育寄生鸟，若找不到其他鸟的巢来产蛋，那么你就无法繁殖。一只杜鹃的孵育寄生策略的成功需要的是大多数其他鸟类而不是杜鹃。

对于人类来说，这就是为什么我们的欺骗行为是秘密的和禁忌的。它必须是禁忌的。如果多伴侣行为、自由性爱或公开欺骗行为变得司空见惯和可以接受，那么处于稳定关系中的男人就会知道他们伴侣的孩子不太可能是自己的，而且他们很可能被伴侣和另一个有欺骗行为的男人利用了。长此以往，形成长期配对关系（如婚姻）的动机将被削弱，因为对男人来说，这将是一个失败的策略。孩子们也不会由双亲抚养，而是越来越多地由单亲母亲来抚养，而对于像人类这样的晚成性物种来说，这种模式对孩子来说是次优的，会降低实施欺骗行为父母的繁殖成功率。在我们的前现代状态下，单亲家庭的孩子会更容易死亡。广泛地放弃一夫一妻制最终会破坏一夫一妻制本身，而确实形成严格的忠诚的一夫一妻制的少数人则会产生更健康、更成功的后代，因此这种模式会慢慢变得更加普遍。随着进化时间的推移，平衡将得到恢复，大多数人将形成稳定的一夫一妻制伴侣模式，而一小部分利用这个系统的骗子则刚好不至于破坏一夫一妻制。

或者更确切地说，如果没有某种外部力量来改变平衡，就会发生这种情况。对于发达国家的大多数现代人来说，安全和温饱的简单压力通常是来自遥远的历史。我们有保育中心、食品仓库、医疗保健以及为那些没有家庭支持的人提供的许多其他形式的帮助。这改变了进化的等式，与其说这样做是为了骗子，不如说是为了单亲父母。曾经几乎不可能的事情现在变得只是非常困难。但在这种差异中蕴藏着人类社会的重大变化。现代生活中良好的、有益的和富有同情心的组成部分的缺点是，它们提高了我们对骗子、对不忠诚的男人以及对一夫一妻制令人遗憾的衰落的承受能力。

大多数人对欺骗行为有着强烈的、本能的道德排斥，鉴于我们的进化史，我们不难看出其中的原因。事实上，我们对欺骗行为的反感是我们不同于鸟类的罕见现象之一。当然，我们也会欺骗，就像一些鸟类做的那样，无论是在性行为方面还是其他方面，许多其他的物种也是如此。在鸟类、哺乳动物、鱼类、爬行动物中，一夫多妻制比比皆是，而一夫一妻制则充斥着各种欺骗。然而，人类在对此类行为的排斥感和克服这种倾向的愿望方面是独一无二的。我们在道德感上是绝无仅有的，我们的道德感让我们保持忠诚，并放弃欺骗行为的进化优势，以回馈伴侣给我们的爱和关怀。我们在家庭生活和育儿方面与鸟类有很多共同点，但我们更应该珍惜与鸟类在进化策略方面的差异和奉献。

第五章

学习唱歌

奥托·冯·俾斯麦或本杰明·富兰克林曾给我们一句被过度引用的名言，即智者可以从他人的错误中吸取教训，而不是从自己的错误中吸取教训。他们中到底是哪一位真正提出了这个想法都无关紧要。这个观点对我们人类来说显而易见，也广泛适用于动物界，至少适用于脊椎动物，特别是鸟类和哺乳动物。拥有强大的大脑和良好的学习能力的明显优势之一是，动物可以开始对它们周围的世界做出准确的推断——不仅根据它们自己的生活经验，而且通过观察其他动物的行为及其后果，通常是通过观察同一物种的其他成员来做到这一点。

这种通过观察其他个体而不是自己的行动来学习的能力被称为观察学习或社会学习，是令动物行为学家兴奋的行为之一。这是因为动物观察学习或社会学习的清晰演示并不常见，而且并不总是在实验中建立。例如，你需要这样一种动物，它能够通过窗户饶有兴趣地观察同种动物，但不会因为窗帘一升起就因想与正在观看的同种动物见面、交配或打架而过度分心。除此之外，你还需要为作为演示者的动物选择一项任务，这项任务不能太容易，以至于作为观察者的动物在正常情况下自己就能完成。该任务还必须是一项可以从观察者的角度被清楚地观察到的任务，而且还必须相当"不自然"，这样你才能确定它不是观察者以前看见过或尝试过的任务。当你开始设计一个实验时，这些都是苛刻的要求。但当一个精心设计的实验能够同时满足所有这些标准，并显示出一只动物通过观察另一只动物做某事而学会了做某事或至少尝试做某事时，我和我的同事们感受到一种真正的乐趣。

这也是令人激动的，因为成功的观察学习能让我们了解动物的思维方式。想象一下，一只鸟通过观察另一只鸟先打开盒子取出食物，自己也学会了打开盒子取出食物。为了使观察者从观察示范者的行为中受益，观察者需要得出以下几个认知结论。它需要认识到另一只鸟是一个独立于自己的实体，世界的运作方式对另一只鸟来说和对它自己来说是大致相同的。它需要建立这样的联系：打开盒子的行为会直接导致另一只鸟能够接触到食物。它需要意识到，另一只鸟所采取的行动也是它能够采取的行动。这只是一个例子——为了通过观察来学习，观察者还需要了解更多的东西。这些对我们人类来说可能并不起眼，我们会不假思索地自动得出这些结论，但所有结论其实都存在于通过观察进行学习的任务中。很可能，所有以这种方式进行学习的动物也都没有意识到所有结论——就像我们一样，它们会自动得出这些结论，尽管它们的大脑依然需要实现这些飞跃。

很多生物都有观察学习的能力，所以这并不是人类和鸟类独有的特征。相反，这是我们在许多不同群体中发现的最令人印象深刻的动物行为之一——虽然它确实最常见于鸟类和哺乳动物中。我最初的一些科学研究（在我真正知道自己在做什么之前）是关于普通章鱼的观察学习能力的。众所周知，章鱼是最聪明的无脊椎动物之一——甚至可以说是最聪明的无脊椎动物，但它们的不同寻常之处在于它们是非常反社会的动物。它们独自生活，倾向于对自己的同类做出激烈的反应，一生中只在交配时进行一次"社交"。正如我们所见，如果章鱼没有强大的进化压力，那么原则上那些有用的行为和能力往往不会得到发展，而且由于没有社交活动可言，章鱼似乎更不可能有能力进行社会学习，尽管它们非常聪明。然而，尽管存在这种进化上的挫折，但它们还是可以相互学习。诚然，它们会透过玻璃互相凝视，这种凝视带着愤怒并具有极强的领地意识，但它们还是会互相学习。如果你向一只观察者章鱼展示另一只章鱼打开一个盒子取出一只螃蟹，那么这只观察者通常能在第一次尝试时就打开盒子，而且不会有太多犹豫。我们在黑猩猩身上也能看到这种观察学习或社会学习，当涉及黑猩猩的工具使用和烹饪习惯时，观察学习或社会学习似乎构成了它们所谓的"文化"基础。让我们以学会使用成对的石头作为"锤子和砧子"来敲开难以食用的坚果的黑猩猩群体为例，这种行为是区域性的，很可能是由一个最初的"发明者"开始的，而其他黑猩猩观察和模仿了这个"发明者"的行为。截至我撰写本书时，这种行为已经扩散到其他几个群体，但还没有扩散到相距遥远的黑猩猩群体，这可能是因为它们没有与使用锤子的群体进行过定期互动。黑猩猩们互相观察和学习，其结果就是区域文化的产生。对于像使用锤子和砧子这样复杂的行为而言，向同种动物学习要比重新发明容易得多，因此，我们可以通过观察这种新行为的传播范围看到社会学习的结果。

因此，在一个群体中传播广泛的社会学习有时（并非没有争议）会被称为文化传播。争议的部分原因是我们倾向于将文化视为一种特别的人类特征，事实上，习得行为的这种文化传播正是使人类成为如此与众不同的物种的核心。我们互相学习如何去发现新的解决方案并与他人分享（或使这些解决方案得到复制）。例如，你阅读这本书是一种文化传播行为，而我写这本书也是一种文化传播行为。其他科学家已经学习并分享了关于鸟类、大脑、猿类和章鱼的知识，我从他们那里学到了这些知识，现在又将它们传播给你们。虽然人类文化无疑是地球上最复杂的，但文化传播的基本要素，也就是社会共享的局部行为，仍适用于许多动物物种。

尽管这类学习并非鸟类所独有，但鸟类依然是高超的社会学习者。最著名的动物文化传播案例也许是 20 世纪 20 年代在欧洲各地普遍发生的"抢夺奶油"事件。

1921 年，英格兰南部的斯韦思林镇的居民们发现自己被破坏者包围了。他们发现送奶工送到自家门口的牛奶瓶上的箔纸盖被弄破了，聚集在牛奶顶部的浓稠奶油被洗劫一空。奇怪的是，居民们一开始怀疑是附近的"年轻人"所为（想想当年，年轻人的叛逆就只是偷奶油而已！）。然而最终，真正的罪魁祸首被抓住了，它们居然是当地的蓝山雀！这是一种小型鸣禽，它们在牛奶送达后不久，在居民开门取奶之前，啄破箔纸盖并食用奶油。后来，人们观察到蓝山雀一直在观察送奶工的行动，以便在牛奶送达时能尽快地扑向牛奶。

我认为，这种行为足够聪明，但这并未让斯韦思林镇的人觉得有趣，他们发现，设计一种能不被鸟啄破的瓶盖的种种尝试均以失败告终。鸟儿们总是能想出办法把喙伸进牛奶瓶内。然而，随着时间的推移，这个问题不再仅限于发生在斯韦思林镇，附近的城镇也开始发现同样的问题，最终英格兰南部的大部分地区都出现了牛奶瓶盖破碎和奶油丢失的问题。这个问题随后蔓延到整个欧洲。蓝山雀们互相学习，这种传播很可能始于斯韦思林镇的一只鸟发现了这些暂放在居民家门口奶瓶顶端的奶油，虽然后来的研究表明，这种传播可能有多个起点。像往常一样，飞行能力使鸟类成为一种行为的极端案例。大多数哺乳动物的文化传播受限于该动物的活动范围，当然，还受限于山脉、河流、海洋和峡谷等自然地形。而对于蓝山雀来说，无论是英吉利海峡还是绵延数千米的没有牛奶瓶的乡村，都无法阻挡这种文化传播。飞行并没有使文化传播变得更容易发生，但它确实使文化传播变得更快，并允许它传播得更远。

最初，人们怀疑蓝山雀是在互相模仿：观察另一只蓝山雀打开奶瓶的动作，并模仿这种方法。但模仿并不是文化传播的唯一方法。研究人员发现，其他品种的鸟类，如北美山雀，也可以很容易地学会打开一个带箔纸盖的瓶子。有人提出，在这个案例中，行为者和观察者之间传递的实际知识只是对奶瓶的关注。对一只蓝山雀来说，一个密封的玻璃奶瓶并不十分有趣，与鸟类生长环境中其他看起来更自然的物体相比，奶瓶不会散发出食物的气味，看起来一点也不像食物。第一个牛奶瓶开启者的伟大创新与其说是它发现了啄破箔纸的方法，不如说是它首先飞下来检查和戳破了牛奶瓶。然后，一只蓝山雀看到另一只蓝山雀把瓶盖啄破而没有受到伤害，甚至可能注意到它从瓶子中得到了一顿食物，于是学会了更仔细地观察瓶子。然后，观察者就可以自己想出相对简单的方法来刺穿瓶盖。

研究人员称这种社会学习为"刺激增强"。与模仿不同的是，在刺激增强中，观察者并不是完全复制行为者的动作，它们甚至通常不太注意这些动作。相反，观察者仅是了解到这些物体是安全的，对同一物种的同伴而言是有趣的，并且可能与某种好处相关，比如可以享用里面的食物。对于像蓝山雀这样的鸟类来说，即使是这种简单的社会学习，其结果也是整个欧洲大陆范围内的行为改变，并最终导致了实心金属奶瓶盖的发明。

　　互相学习可能是人类重要的特征之一，但正如我们所看到的那样，这种学习能力并非我们独有的，而似乎是所有类型的动物，甚至无脊椎动物都具有的。但仍有一种相互学习的方式是如此罕见，如此令人印象深刻，以至于一些科学家依然认为它完全是人类所独有的极少数特征之一。像往常一样，我不认为这是完全正确的，也许比任何其他特征更重要的是，这是只有鸟类才能够接近的人类能力——语言。

* * *

　　人类语言是一个巨大的奇迹，以至于产生了大量关于人类语言如何运作和如何习得的争论，其中一个比较著名的论题是关于人类语言有多少是习得的而不是天生的。在 20 世纪的大部分时间里，主导语言学的观点是，人类语言的某些元素，如语法结构，是生物学的固有部分，甚至可能是所有人类所共有的。诺姆·乔姆斯基（Noam Chomsky）发展和推广了这一观点，该观点的部分依据是他称之为"刺激贫乏"的论点。乔姆斯基的观点是，人类的语言十分复杂，由众多的词汇和结构以及无数的组合共同组成，事实上，没有人在童年时期就接触到足够多的语言来真正学会它。一个孩子在家庭的日常生活中接触到的是其父母和其他成年人实际使用的有限数量的单词和有限种类的句子。尽管如此，儿童确实一直在学习语言的正确用法，而不是在学习一套不同的、更广泛的语法规则，这也可以说明他们接触的语言数量有限。换句话说，语言的总输入（"刺激"）过于有限（"贫乏"），以至于无法解释一个人在正常的语言学习期之后所拥有的语言能力。相反，乔姆斯基认为，必定存在所有人都拥有的某种与生俱来的语法意识以弥补这一不足。

直觉上，这似乎是正确的。我们的语言基本上可以描述任何想法，并通过使用一套非常复杂的语法规则，使其能够根据需要堆叠、重组和重新定义单词。我们对儿童说的话往往是简单而直接的，但令人惊讶的是，儿童最终能够使用全部的人类语法。没有人用将来完成时态和孩子说话——"明天这个时候我已经开了 6 个小时的车"——但我们现在都可以使用它。乔姆斯基的论点显然很有说服力，因为它主导了语言学研究近 50 年。

不幸的是，乔姆斯基低估了人类的学习能力，也低估了刺激的力量。我们在先天语法上浪费了半个世纪的努力之后，最近的研究表明，"刺激贫乏论"是不正确的，人类语言确实是一种习得的技能。人类语言的复杂性由一个人传给另一个人，正是我们令人难以置信的学习能力，使我们最终能够成功地从最小的输入中吸收语言的规则和词汇——至少在我们非常年幼的时候是这样。

人类在语言习得和应用方面的优势在所有的动物中可能没有真正的对手。但鸟类，特别是鸣禽，在语言方面最接近人类。这种接近不仅在语言能力上，而且在语言结构上，以及在个体间的传递方式上都有所体现。

* * *

很多动物都有通过听觉来学习的能力，即学习识别声音并理解声音的含义或信号的能力。我们通过下述途径来熟悉这一点：人们对狗进行的训练，牧民用特定的叫声来指挥他的羊群，骑马者向他的坐骑发出命令等。大多数陆地动物之间也使用某种形式的声音来进行交流，尽管在许多情况下，这些声音不是习得的，而是动物的一种天生行为。

到目前为止不太常见的是鸣唱学习。这不仅是学习识别一种新声音的能力，而且是学习发出这种声音的能力。虽然狗是听觉学习者，能够学会"取"的意思，并做出适当的反应，但它们不是鸣唱学习者，毕竟狗不会转过身来对我们说："不，你去取！"鸣唱学习是一种非常罕见的能力，但这项能力对于通过非与生俱来的声音进行交流的动物来说显然是必要的，而且这是一种社会学习。我们人类是了不起的鸣唱学习者，尤其是在儿童时期，甚至在成人时期也是如此。我们一生都在学习新的声音、俗语和歌曲，并复制（或者在讲英语的人成年后学习法语的时候，几乎复制）这些声音。但这并不是哺乳动物常见的一种能力。到目前为止，它只在四组非人类哺乳动物的身上得到了明确的显示：蝙蝠、鳍足类、大象、鲸类。我怀疑这些相当不寻常的哺乳动物群体在这一点上正成为人们熟悉的例外！

而且，对于鸟类来说，这是一种生活方式。有三组鸟类已经被证明是鸣唱学习者：鹦鹉、蜂鸟，当然还有鸣禽——我们的老朋友雀形目鸟类。请记住，虽然这种能力仅限于这三组鸟类，但仅仅雀形目鸟类就占了所有鸟类品种的一半以上，所以鸣唱学习是绝大多数鸟类都具备的一种能力，也是这些鸟类生活方式的基础。与大多数哺乳动物的交流相比，人类的语言以及其他大型的、聪明的、经过 K 选择的哺乳动物（如鲸鱼、海豹和大象）的鸣唱学习和鸟类的交流有着更多的共同点，大多数哺乳动物的交流往往更多地涉及气味、手语和其他的视觉展示，而不是声音，尤其是复杂的、习得的声音。

鸣禽是一个规模庞大的群体，很难确定它们都有哪些共同点。从这个群体的名称就可以看出，鸣唱学习显然是它们的一个共同点，但即便如此，鸣禽也有大量不同类型的发声方式。鸣禽最早出现在澳大利亚，至今，澳大利亚仍然是你可以听到它们最古老、最复杂的"语言"——琴鸟的语言——的地方。

琴鸟栖于澳大利亚东部森林，它们是体形最大的雀形目鸟类。从它们的形态和行为来看，人们可能首先会认为它们属于家禽或者是像野鸡或孔雀一样的常见禽类，它们是地栖鸟类，长着大脚和圆滚滚的身体，雄鸟还长着长长的装饰性尾羽。只有当它们张开嘴的时候，它们作为鸣禽的真正身份才会变得惊人地明显。琴鸟是模仿大师，可以很好地复制笑翠鸟、鞭鸮、领航刺莺和其他鸟类的复杂叫声，以至于它们的叫声会被澳大利亚丛林中的其他鸟类误认为是来自真正的笑翠鸟、鞭鸮、领航刺莺等鸟类的声音。然而，除鸟类之外，它们还能复制人类制造的各种声音，从汽车警报器到相机快门再到电锯——尽管我们必须承认这些声音都是由圈养的样本琴鸟所发出的。琴鸟把进行这些模仿表演作为交配仪式的一部分。一只雄鸟会清理出一块表演区域，然后演奏它学到的所有声音——叫声越复杂，它对潜在配偶的吸引力就越大。尽管它的叫声主要是对其他鸟类声音的模仿，但它通常不是通过模仿其他鸟类本身来学习这些声音，而是从少年时期就开始模仿其他琴鸟已经很复杂、模仿性很强的叫声。成年琴鸟可以直接从声源中学会新的声音，但它们叫声的很大一部分复杂性是经过了几代的积累，而不是只靠在其一生中的积累。结果是，虽然琴鸟是出色的模仿者，但它们的叫声在不同模仿性声音的组合中仍有一些可识别的模式。当我在澳大利亚的灌木丛中穿行时，通常可以分辨出我听到的声音是来自琴鸟还是来自真正发出这种声音的鸟。琴鸟几乎没有共同的言语"习惯"或"短语"特色，这是它们"语言文化"的共同组成部分。鉴于琴鸟的歌声充满了令人惊叹的复杂性——从某种程度上说，这是所有鸣禽中最复杂的歌声——人们可能会惊讶地发现，它们是所有鸣禽中最"原始"的。确实如此！但这也是一个概念，一个我们必须小心对待的概念。"原始"这个词听起来意味着"更简单"或"更小"，而且在正常的话语中有一种以这种方式来使用它的倾向。然而，在进化的背景下，"原始"并不意味着其中的任何一个意思，而且就像在琴鸟的例子中一样，它的意思可能完全相反。当我们在思考进化和物种分化时，"原始"大致指的就是"更早"的意思。更具体地说，它意味着相关物种已经更早地从其群体的其他部分中分化出来。当鸣禽在澳大利亚首次进化时，它们的外观和行为都很像琴鸟，而现代琴鸟正是这些早期鸣禽的后代。随着鸣禽从一个品种进化成为数千个品种，在某个早期阶段，其中一些可能已经与琴鸟相当类似的鸣禽会从进化的谱系中分离出来，其中就包括澳大利亚现存的两种琴鸟。离开澳大利亚的鸣禽子集将继续成为世界其他地区高度多样化的鸣禽的祖先。琴鸟最早从鸣禽家族中分离出来，"离开"了这个家族的其他成员。它们选择留在澳大利亚，没有受到那些离开澳大利亚的近亲在扩散到世界各地的过程中所经历的环境变化和选择压力的影响。有结果表明，相对于最初的鸣禽，琴鸟的变化要比美洲知更鸟等其他鸟类更小，美洲知更鸟的血统在其进化历史中至少穿越了三个大洲的不同环境。上述所有的因素都没有使琴鸟变得更小或更简单——它只是一种早期的鸣禽，而且更像原始的鸣禽，因为它一直停留在该群体首次出现的地方附近。

与"原始"一词所暗示的"简单"相去甚远，地球上没有什么鸟类的歌声会比琴鸟更加复杂多样。这看起来可能很奇怪，为什么雀形目鸟在离开澳大利亚之后的所有进化和多样化进程都导致了更简单的鸣唱？相对于这个最早的例子来说，难道这是对能力的一种筛选？

总的来说，这反映了人类语言的发展，至少就琴鸟的例子以及在不同的人类语言中使用声音的情况而言。人类，以及我们的语言，起源于非洲，并最终扩散到其他大陆。然而，非洲语言至今仍然很像琴鸟的歌声。当后来成为所有非非洲人祖先的人类子集离开非洲大陆时，那些留下来的人反而成了第一批与其他人类子集分化的群体。然而，我们人类在地理上的分离要比鸣禽晚得多，而且现在已经重新融入了全球人口，因此智人从来没有时间形成独立的物种。但我们确实形成了不同的语言，就像琴鸟一样，留在起源大陆上的最早分化出的群体的语言反而是最复杂的，至少就发出的不同声音的数量而言是如此。

语言学家用"音位"一词来表示不同语言中特定的、不连续的声音①。它与字母不同，因为有时一个独特的声音理所

---

① 在语言学中，音位（phoneme）和音素（phone）都能表示最小语音单位，但前者更强调语音的社会属性，后者更强调语音的自然属性。

当然是由多个字母组成的，而字母在不同语言中发出的声音却并不总是相同的。因此，例如在英语和威尔士语中都有字母"u"，但在英语中它表示许多不同的音位，从"lute"中的长音到"but"中的非重读央元音。然而，在威尔士语中，它只表示一个声音，而且是一个与英语不同的声音——如"leek"中的长"e"音。（至少在威尔士南部是这样。因为在威尔士北部，很难描述长"e"和长"u"之间的交叉——这就是我所学的那种威尔士语，但不是通常会出现在学习者书籍中的方言）。不同的语言有不同数量的音位。根据不同的版本和口音，英语有 36~40 个音位。法语有鼻音和给学习者带来很多麻烦的小舌音"r"，它也有类似数量的音位。而威尔士语的音位多达 48 个，其中包括著名而罕见的"ll"音——有点像咬着舌头两侧说话（我可以做到，只是不能很好地对其进行描述）。

然而，欧洲语言的音位一般都很少。人类真正的"琴鸟语言"出现在撒哈拉以南的非洲，在该地区，宏语和昆语等语言可以有超过 100 个音位，远高于其他任何语言。事实上，人类语言在声音数量方面遵循着一个普遍的模式：离非洲越远，一种语言使用的音位就越少。当我们追踪人类在地球上的扩张脚步时，我们也在追踪音位逐渐消失的过程。音位似乎很容易消失，而且很难被重新创造。这并不令人惊讶。我们很容易想象失去一个音位的情景：假设英语失去了"f"，我们可以在它消失的地方用"s"代替。当然也会有少量单词变得模棱两可，比如"found"和"sound"，但随着时间的推移，这些单词可能会发生变化以解决这种模糊性，所以总体而言，这是一件容易完成的事情。相比之下，增加一个音位是很难的。许多读者都曾尝试并努力发出法语中的"r"或威尔士语中的"ll"——它们都是英语所不具备的音位。增加一个新的音位有点像增加一种新的颜色：我们都可以想象一个没有蓝色的世界，但我们无法想象一种不存在的颜色。语言似乎适用于该原则的一个社会版本——随着时间的推移，音位会消失（尤其是那些难以发出的音位），而且很少会被添加。

其结果是，虽然非洲的宏语和昆语有几十个甚至上百个音位，而经过数千年的分化才被人类殖民的远离非洲的太平洋岛屿的语言却只有很少的音位。亚马孙雨林深处的语言也是如此。巴布亚的罗托卡特语和亚马孙雨林的皮拉罕语是音位数量最少的语言，只有 11 个，而夏威夷语则以 13 个音位紧随其后。整个夏威夷语的字母表是：A、E、I、O、U、H、K、L、M、N、P、W 和 '。[最后一个被称为奥金那（'okina），是一个声门塞音。]

　　不幸的是，在琴鸟之后，鸟类"语言"之间的可比性就式微了。与人类语言不同，雀形目鸟类的鸟鸣在从澳大利亚向外辐射的过程中不会平稳地失去音位，因为它不存在和人类的语言模式一样可靠和清晰的模式。但也有一种理论认为，鸟鸣在离开热带地区时会变得更加复杂。尽管最早的鸣禽确实拥有最复杂的叫声，但在大多数情况下，复杂的鸟鸣一般只出现在遥远的北半球。人们提出这一理论的原因很简单。在热带地区，生活在这些生物资源丰富地区的成千上万个物种会不断发出喧闹的声音。如果想要在所有这些噪声中和自己的同类进行沟通，鸣禽需要清晰简洁地"说话"，即用简单的、可识别的叫声来穿透喧闹。而在远离热带地区的地方，环境较为安静，像鸫鸟、鹩鹩和知更鸟这样的鸣禽就可以唱出更加丰富复杂的歌曲，因为它们自信自己的歌声不会被淹没。然而，这只是一个大趋势，复杂的歌曲有着广泛的地理分布。尽管如此，说到最复杂的声音，鸟类和人类都是从顶端开始的，并把自身最复杂的声音留在了家乡大陆。

　　如果说人类语言和鸟类语言的历史和分布只是大致遵循了相同的模式，那么真正相似的地方就是让我们能够发出复杂噪声的鸣唱学习的方式和时间。鸣禽、鹦鹉和蜂鸟与人类一样，都有能力在其一生中听到和学会新的声音。当然，这也是鹦鹉作为宠物的主要吸引力之一——教它们模仿人类的话语。但我们（特别是与鸣禽）拥有相同的生活史，这种生活史赋予了我们特权，让我们在很小的时候就开始学习我们的声音。人类和雀形目鸟类都有一个语言学习的"关键期"，它对我们的语言能力有着极大的影响。

　　每一个成年后试图学习第二语言的人都知道，我们在成年后很有可能会进行鸣唱学习，但这可能相当困难。我们花了无数个小时来完善口音，学习新的声音、单词和句子结构，并记住词汇。在一次次令人尴尬的语言失误或单词被遗忘后，我们决心从一开始就把孩子培养成双语者，这样一来，他们就不需要以同样的方式来挣扎了。婴儿掌握语言非常容易，而且不需要正式的教学——他们只是听和尝试发声，似乎很快就能掌握整门语言。更重要的是，与最专注的成人学习者的尝试相比，他们"自然"习得的语言总是更好、更流利、口音更正确。这正是因为我们人类有一个学习语言的关键窗口期。

我们生来就准备好了吸收一种语言，所以才能够轻而易举地在哪怕不知不觉中就掌握了它的语法和词汇。我们之所以拥有这种能力，是因为它对我们的生存至关重要：我们是一个高度社会化、高度交流的物种，我们的生活方式需要我们熟练使用世界上最复杂的动物交流方式。因此，新生儿别无选择：我们的进化为他们配备了一个急于掌握第一语言的大脑。然后，在5岁和青春期之间的一段时间，一旦有一种语言被很好地掌握，这种能力就会消退。这似乎是因为没有太多的选择压力促使早期人类来学习一门第二语言。所有资源，甚至大脑的灵活性和学习能力都是有限的，因此，如果没有对多种语言的强烈需求，这种能力一旦达到目的后就会消失。

如果你曾好奇为什么有些语言比其他语言更难学，部分原因是我们的学习能力随着年龄增长所发生的这种变化。在哥伦比亚大学教授约翰·麦克沃特（John McWhorter）的著作《什么是语言》（*What Language Is*）中，我们可以找到他对人类语言的运作方式所做的引人入胜的描述。除了公平地评价他，我没什么好补充的，但我将给出我最好的总结。

儿童可以在不知不觉中掌握一种语言的所有细微差别和困难之处，包括困难的时态、堆叠的后缀、高度曲折的动词和名词：如果你在摇篮里学习这些，它们就不会成为任何问题；而如果你试图在课堂上学习它们，它们就会削弱你在流利方面的努力。此外，不受外界干扰的语言的自然趋势似乎就是积累各种复杂性、例外和曲折。这些复杂性、例外和曲折可以从人们正常说话的小习惯中发展而来，所以没有任何特殊的存在"理由"。许多复杂性、例外和曲折并未增加任何意义或细节，但如果没有它们，就会使一个句子出现明显的错误。麦克沃特将此称为语言的"天生"特性。如果任由其自行发展，复杂性就会像藤蔓占据废弃房屋的墙壁一样不断增长。

阿奇语是俄罗斯境内位于格鲁吉亚边境的七个村庄中不到一千人使用的一门小语种。它是一种罕见的语言，高度地方化，与国际甚至区域间的互动完全无关。每个讲这种语言的人都会使用另一种语言（比如俄语）来和本村以外的人进行交流。这也意味着只有儿童会学阿奇语，没有把阿奇语作为第二语言的学习者会挣扎于它的语法。这也是一件好事，因为即使有人想学，他们也根本没有机会学会。阿奇语是世界上最复杂的语言之一，它有大量的音位，包括至少一个不在其他任何已知语言中使用的辅音。不过，除了音位，语法才是阿奇语的独特之处。阿奇语是一种深度曲折的语言，充满了根据时态、语态、性别、体例、变位类别、名词一致性等因素而改变结尾的动词。令人惊讶的是，每个动词因此都有超过 150 万种可能的形式，而且大多数动词都是不规则的。阿奇语是高度天生和曲折的语言，一个成年人几乎不可能掌握，只有儿童的大脑才能驾驭它，所以它一直只局限于使用它的七个村庄。由于当地人在村外做生意时需要使用其他语言，所以阿奇语主要被用于当地人漫不经心的玩笑。

一些读者可能会想起学习拉丁语时的那种恐惧。和英语相比，拉丁语的动词曲折度很高，学生面临的困难之一就是学习所有这些动词的变位。但与阿奇语相比，拉丁语就变得很容易。根据动词的不同，拉丁语动词有大约一百种或更多的形式。与几乎没有变化的英语动词相比，这是一个很大的数字，但它仍处于成年学习者的能力范围之内。拉丁语也是一种非常整洁的语言。它适合于课堂教学方法，如绘制词形变化表和可预测的单词部件的算法表，学习者通过简单地这些单词部件组合即可创造相应的意义。你需要形成一个动词的将来时态吗？那么你只需在词根和词尾之间插入"-bi-"即可。总的来说，单词各部分的组合方式几乎都是数学化的。

为什么会出现这种现象？因为帝国。与大部分其他语言不同，拉丁语曾经在数百年的时间里被作为第二语言来传授给数百万成年人。首先，它曾作为征服者罗马共和国的通用语言，之后又作为罗马帝国的通用语言，随后还曾作为教会的通用语言，作为知识分子和科学界的通用语言，最近又作为向上发展的学龄儿童的通用语言。拉丁语非常适合课堂教学和成人学习者，因为它在 2000 多年里一直是课堂和成人学习者的学习对象。被征服的民族在学习拉丁语时绝不会去理会该语言中存在的任何古老的困难——他们只会消除这些困难，并使用一种经过简化的、容易学习的语言版本，以完成任务。而随着时间的推移，这逐渐衍变成了官方版本。我们在英语中也看到了这一点。英语的语法非常简单，动词词尾、名词格、词性一致，因为英语曾经使用过的日耳曼语言中的所有元素都被几个世纪以来的第二语言学习者磨掉了。成人学习语言时，语言变得很容易，因为它们必须很容易。

鸣禽面临着同样的问题。对于几乎所有雀形目鸟类来说，它们的语言即它们的歌声，必须在青年时期习得，只有这样

174

才能正确地习得。在大多数情况下，雀形目鸟类的鸣唱学习受到与人类语言学习非常相似的限制：它有一个学习关键期。

对于琴鸟来说，鸣唱学习能力是一种终生享有的能力。为了使自己的歌声在潜在配偶听来具有吸引力，琴鸟掌握和融入越来越多的不同声音以增加表演的复杂性和多样性。嘲鸫等其他使用这种模仿性交配歌曲的鸟类也是如此。鸣禽的名字正是与它们的声音交流能力有关。人们可能会怀疑，鸣禽都拥有这种扩展和润饰自身歌声的能力吗？并非如此，虽然蜂鸟和鹦鹉这两个鸣唱学习群体也拥有终生鸣唱学习的能力和灵活性，但除了少数例外，鸣禽有一个关键时期需要应付。

鸣禽拥有一种典型的歌声。某些种类鸣禽的交配歌声足够可靠，以至于观鸟者可以自信地在指南中写下它们的"歌词"，以帮助他人通过鸟的歌声来轻松地识别一种鸟。美洲知更鸟唱道："cheer-up, cheer-a-lee, cheer-e-o"。墨西哥鸫鹟唱道："tuwee, tuwee, tuwee"，速度逐渐放慢。卡罗莱纳山雀唱道："fee-bee-fee-bay"，或者，根据一些人的说法，是"ca-ro-li-na"（尽管我怀疑这些都可能掺杂着热情的观鸟者的一点修饰）。这些都是相对简单的歌曲，但有些鸣禽则拥有复杂得多的曲目。褐弯嘴嘲鸫的曲目中可以有多达 3000 种不同的歌曲，它们在唱歌时将这些歌曲穿插、混合起来。与此同时，斑胸草雀的歌声是目前被研究得最多的，这种鸟鸣中有几个所有鸟类都有的短音，然后是一种在不同个体之间变化的复杂歌声①。

在所有这些情况下，歌声都不是鸟类进化的先天部分，而是一种习得的技能，通常是雄鸟从其父亲那里习得的。和人类语言一样，幼鸟有一个固定的时期准备学习这些声音，之后，对其他鸟类而言，掌握新的声音是不可能的。（被称为开放式学习者的其他鸟类可以在它们的一生中继续学习声音，但和人类一样，它们在关键期更容易做到这一点，学起来也更快。）和人类一样，这些鸟类通过模仿父母的声音来学习使用其他物种或群落可以理解的声音并进行交流，但与人类不

---

① 对斑胸草雀歌声的研究为我们了解鸟类的歌声奠定了基础。年轻的雄性斑胸草雀听着父亲的歌声而不模仿，然后将它们对所学到的歌声的记忆与自己的歌唱尝试进行比较，并在这个过程中完善自己的歌声。所以，这种鸟类有一种歌声原型，并在家族传承中存在个体变异。

同的是，它们似乎不会同时进行聆听和模仿。对我们的婴儿，我们倾向于在几年的时间里一点一点地教他们说话和学单词，并且人类的婴儿在一开始只模仿几个单词（通常是"妈妈""爸爸"等），之后再不断学习和补充。然而，对许多鸣禽来说，学习和模仿是分步进行的。首先，年轻的鸟儿会聆听父亲的歌声并记住它。它们不会试图自己去模仿，它们只是记住这些声音听起来像什么并保留这种记忆。然后它们开始进行模仿。然而，它们并不是模仿父亲的歌声唱给父亲听，而是将自己的歌声与关于父亲歌声的记忆进行比较。像人类的婴儿一样，它们开始发出咿呀学语般的噪声——它们通过尝试发出那些看似随意的噪声，以测试它们的身体能够发出什么声音。当这些声音开始接近它们所保留的记忆时，它们就会对歌声进行改进和完善，直到它们的歌声或多或少与记忆中父亲的歌声相吻合。

这看起来可能是一种奇怪的学习方式——它们为什么不直接向父亲学习并在父亲开始歌唱时模仿它？原因主要是，和人类相比，鸟类与父亲在一起的时间较短，它们学到的语言量也较少。正如我们已经讨论过的那样，鸣禽的婴儿期很长，在此期间，父母都在照顾它们。与许多其他动物相比，这是一段很长的育儿时间，但与人类相比，这仍然相当短暂。虽然我们的婴儿有很多年的时间可以与父母学习语言，但幼鸟通常会在出生后的第一年结束时或多或少地成长，随着它发育、长羽毛和离巢，它与父母的接触逐渐减少。幼鸟通常直到第一年年末时还保持着幼鸟的声音，所以如果我们看到一只看起来几乎已经成年的鸟仍在和雏鸟一样"叽叽喳喳"地叫就不必感到奇怪。这意味着幼鸟通常需要在能够实际开始模仿父亲或父母的歌曲之前，以及与父母在一起的时间减少或结束之前，记住父亲或父母的歌曲。令人高兴的是，即使是最复杂的曲目，如褐弯嘴嘲鸫的曲目，与人类语言相比其难度也是微不足道的，所以幼鸟在开始尝试唱歌之前记住整首歌曲是很容易的。

尽管时机存在差异，但从关键期到咿呀学语，再到最终成年鸟的流利程度，整个过程看起来非常像人类的第一语言学习，因此在研究人类语言时鸟类语言经常被用作模型，对于像斑胸草雀这样具有不同歌声的鸟类来说尤其如此。正如我所提到的那样，斑胸草雀的歌声中有一些典型的部分是整个物种所共有的，但复杂的部分却因个体而异。然而，在家族内部，同一血统的鸟类共同拥有其中一些独特的歌声元素。

这不是一种遗传效应，而是一种社会和文化效应。因为每只年轻的雄鸟都是从父亲那里学习歌声的，所以每首歌的特异性会代代相传，家族之间的歌声听起来也很相似。

有一段时间，一个物种内的不同家族和血统的鸟类在歌声上的变体被认为是导致鸣禽物种形成的主要因素。这里的意思是，这些歌声在某种程度上是物种的识别器。它们的主要功能在于交配——它们向潜在的配偶传达歌者的质量和可交配性。鸟鸣之所以存在巨大的多样性，部分原因是一个特定的品种拥有足够独特的声音，以至于在森林的嘈杂声中，雌性鸣禽能够分辨出哪些唱歌的雄鸟与自己属于同一品种，并在选择时将注意力转向它们。假设你是一只山雀，如果你的声音像知更鸟，那么你努力唱歌就是浪费工夫，因为你无法被其他山雀发现。歌声也被用于宣示领地，并就所有其他事情——从威胁到简单地宣布自己的存在——与同一种鸟类进行沟通。歌声的所有用途都依赖于歌声对一个特定物种而言的可识别性和独特性。

随着一个物种内的鸟类家族开始唱得越来越不一样，理论上，随着时间的推移，它们的歌声最终将相去甚远，以至于该物种的一个分支将无法识别或关注另一个分支的歌声。

因此，交配只会发生在类似歌者的群体中，并最终导致两个不同的物种的出现。这是一种对鸟类物种形成的巧妙解释，它让人联想到巴别塔和人类自身的不可理解性，虽然这个理论的逻辑没有错，但证明这种情况曾经实际发生过的证据是混乱的。特别是，尽管不同种类的鸟类是通过各自不同的歌声进行区分的，但似乎在我们研究的几乎所有案例中，都不清楚歌声的不同是否先于物种分离的出现。因此，不同品种的鸟唱的确实是不同的歌曲，但后者并未被证明是前者的原因。在这里，人类的现实给了这个理论令人信服的一击。毕竟，人类的不同语言也像鸟类的不同歌声一样无法相互理解，而我们仍然是一个庞大的、通晓多种语言的物种。

* * *

鸟鸣不是语言。在动物界中，没有任何东西能够接近人类语言的细微差别和复杂性、层次多维性、灵活性、可扩展性。然而，我们与许多鸟类所共有的是一个需要通过习得的交流系统，该系统依赖于对声音和声音组合的共同理解，这些声音和声音组合是通过行为习得而不是由父母遗传给后代的。此外，我们在这方面以及许多其他方面都具有相互学习的能力。在这一点上，人类和鸟类并不是独一无二的，但由于我们习得的交流，我们也许是社会学习的最佳例子。正是通过对鸟鸣及其关键期和学习机制的研究，我们获得了一些关于我们如何拥有复杂语言这个问题的见解。

然而，虽然鸟鸣不是语言，但是它在很大程度上也不是歌唱，至少不是人类眼中的歌唱。所以人类对音乐和节奏的爱好肯定是我们独有的，对吗？我们确实是这么认为的。但在这里，我们似乎与鸟类也有一些共同之处，或者，至少是与其中的一群鸟类有一些共同之处。最后，我们把目光转向了鹦鹉。

第六章

镜中的
鹦鹉

镜中的鹦鹉：
我们有可能进化成鸟类吗？

在本书的开头，我追溯了鹦鹉的广泛历史，鹦鹉出现于恐龙被毁灭的世界中，获得了很长的寿命和极高的智力，并最终走出了它们的原生地，出现在了地球的大部分地区。在人类出现之前的几百万年里，它们很可能是地球上最聪明的生命形式。这是一个与我们自己的故事非常相似的故事。在本书中，我已经试图给出许多例子，说明那些被我们认为是人类的基本和决定性方面的行为实际上是人类和鸟类所共有的。我们还探讨了这些行为是如何相互作用、相互促进，从而在进化过程中变得更加明显和更加极端的。我们观察了鸭子、鸽子、乌鸦、鹟鹟和杜鹃，但我基本上没有观察过鹦鹉。这并不是因为人类和这些色彩斑斓的鸟类之间的相似之处较少，也不是因为它们在某种程度上破坏了我在将其他鸟类分组与人类进行比较时所提出的观点。恰恰相反，我之所以不谈论鹦鹉，是因为它们是最好的例子——它们是我们长着羽毛的镜像，从许多意义上说，它们是大自然对类人智力的"另一种尝试"。它们必须被视为一个整体，而不是作为这个或那个共同特征中的一个例子。这种动物在我们出现之前很久就找到了一条通往成功的平行进化之路，而也正是这条道路将人类转变为如今的特殊动物。

我刚刚说过"鹦鹉"和人类非常相似，但是，今天的人类是一个单一的物种，而鹦鹉则是一个更加多样化的群体。在鹦鹉目中有300多个品种，有些鹦鹉彼此之间的差异就像我们与狐猴之间的差异一样大。如果我可以指出一个最像人类的鹦鹉物种，比如葵花凤头鹦鹉，并宣布它就是有羽毛的人类，这将会是一个更好的比较。但我做不到，因为这是在人类和鹦鹉的历史中存在的为数不多的关键差异之一。

我们人类，以及我们现在已经灭绝的近亲，都是从类人猿这个本来非常小的家族中脱颖而出的物种群体。现代类人猿总共只有八种。在他们还活着时，例如我们的近亲尼安德特人还存在时，我们的圈子稍稍多样化一些，但他们最终还是灭绝了（而我们的出现可能与他们的消失有着很大的关系）。这就留下了一个单一的物种，即人类，与类人猿一起在地球上进行殖民，并通过利用我们像鸟一样的进化带来的优势来做到这一点。我们做得很好，但我们是独自做到的，而且往往是在不稳定的情况下做到的。

让我们来回想一下杀死非鸟类恐龙和几乎所有其他大型

动物的那次撞击。"大型"意味着稀少，因为生态系统能够支持的"大型"个体更少，而"大型"和"稀少"就意味着面临随机灾难的风险更大。这可能差点就发生在我们身上了。有一种理论认为，大约在7万年前，人类的繁衍面临着棘手的瓶颈。截至目前，我们人类已经存在并繁衍了大约23万年。然而，所有现代人的基因都可以追溯到一个生活于7万年前的由3000个到10000个个体所组成的群体。大约在那个时候，位于苏门答腊岛的一座超级火山爆发，形成了现在的多巴湖，并导致了可能会杀死绝大多数活着的人类和其他猿类的全球性气候变化。那次事件将我们的全球人口缩减到一个现代小城镇的规模——人类在那一刻几乎从历史上消失。我们的近亲在有机会大展拳脚并成为一个真正的全球性物种之前都曾遭遇过类似的风险，最终，一次次的风险使我们成为本属仅存的物种。

鹦鹉不太容易受到这个问题的影响。还记得为什么鸟类能活得这么久吗？一般来说，它们面临的风险较小。作为鸟类可以适应游戏规则的改变，飞行意味着它们比体形庞大、行动笨拙的猿类更容易逃离捕食者和灾难。除此之外，它们体形较小，因此在大型动物的稀有性方面（或在食物有限时挨饿）的风险较小，除此之外，它们比猿类更多的物种也进一步增加了能让它们开启类似人类的趋同进化的随机性。最后，再加上它们对彼此的攻击性比猿类对其他猿类的攻击性要低，最终结果是它们成了幸存物种。我们已经灭绝的近亲和"缺失环节"的对应物仍然存活在鹦鹉身上。

因此，我们应该认为"鹦鹉"才更像"灵长类动物"——一个更大的群体，比单一的物种或属更具有多样性。事实上，鹦鹉目（包括所有的鹦鹉）和灵长类都属于系统发生目，所以这种比较是正确的。这两个目都有大约 350 个物种。那么，哪些鹦鹉更像是"人类"？我认为，有三组鹦鹉能体现鹦鹉与人类趋同的进化历程和平行的历史，它们分别是凤头鹦鹉、灰鹦鹉和金刚鹦鹉。

这些是真正特殊的鹦鹉，因为它们都是原始鹦鹉——请允许我这么说。每一种都代表了一种鹦鹉典范。凤头鹦鹉统治着澳大利亚；灰鹦鹉称霸非洲；金刚鹦鹉则主宰着南美洲。正如这种分布所表明的那样，鹦鹉是主要生活在南半球的一个群体。这导致了它们与人类的另一个相似之处。我们和鹦鹉都起源于南半球的热带地区（我们有点横跨赤道），但我们在很大程度上成了北半球的物种，在整个历史上，包括今天，大约 90% 的人都生活在赤道以北。而鹦鹉则走了另一条路，但也有同样强烈的偏好，它们大多栖息在南半球。现已灭绝的卡罗来纳鹦鹉之所以如此引人注目，是因为它们是为数不多的生活在北半球的鹦鹉之一，也是以前唯一在美国常见的鹦鹉。现代全球旅行终于开始打破人类生活在北半球、鹦鹉生活在南半球的范式——现在，伦敦邱园中的野生环颈鹦鹉的数量几乎与悉尼皇家植物园中放荡不羁的英国人一样多。

很多人都熟悉人类进化的基本故事——我们如何起源于非洲，如何从一系列越来越直立的无毛猿类进化而来。一系列因素促使人类成为我们现在的样子——尽管大众对事情的发展顺序存在相当大的争议。

例如，我们与许多鸟类共有的社会行为以及我们灵巧精致的双手（鸟类没有），都与我们的智力息息相关，我们的饮食也是如此。有些人认为，我们的智力，特别是我们的语言，使我们得以在社会层面变得更加复杂；而另一些人则认为，我们的社会变得如此复杂，以至于只有聪明的人类才能完成理解社会的心理任务，而这又反过来推动我们进化得更加聪明。同样，是直立行走使我们的双手变得更加灵活，还是我们对双手的依赖迫使我们直立了起来？到底是一旦我们拥有了空闲的双手，我们的大脑智力就必须变强，以便管理和控制我们复杂的双手；还是我们强大的大脑使我们能够更多地使用我们的双手，使它们变得更加专业化，并使我们直立了起来？到底是一旦我们变聪明了，我们就发明了烹饪，这使我们能够更有效地获取营养，并意味着我们可以在更强大的大脑上投入更多；还是相反的情况？

我们知道，这些特质是相互作用、相互加强的，但从现在开始回顾人类的进化，我们还远不清楚这个良性循环是如何开始和进行的。但显而易见的是，一系列的微小变化不约而同地使我们的进化变得有点特别、有点不同，并最终驱使我们进化成了一种极端的猿类。

鹦鹉，特别是上述的三组原始鹦鹉，在这一趋势上与我们是相同的，这可能是我们之间最重要的共同点。像我们一样，它们代表了鹦鹉的一个极端，也就是我们迄今为止所讨论的所有进化力量结合在一起，共同将一个物种或一群物种推向的其类型的极端版本。然而值得注意的是，人类和鹦鹉这两个极端的动物群体在它们的极端性方面表现出惊人的相似。与其说它们各自被推到了作为动物的两端，不如说它们最终成了彼此的镜像，鹦鹉正是对这个问题的悄声回答：如

镜中的鹦鹉：

我们有可能进化成鸟类吗？

果不同的动物群体像人类一样进化会怎样？

当然，更准确的说法是，人类是一种像鹦鹉一样进化的灵长类动物，因为鹦鹉比人类更早出现。和其他鸣禽一样，鹦鹉起源于澳大利亚，出现于大约6000万年前，起初它们并没有我们现在与该类动物联系在一起的大而弯的喙和鲜艳的羽毛颜色以及聪明的行为方式。我们不知道它们第一次冒险走出后来被称为澳大利亚的陆地的确切时间，但这一定发生在它们出现后的最初1000万年内，因为我们至少在欧洲发现了一个明确的样本来自这一时期。

随后世界上出现了三组鹦鹉：新西兰鹦鹉、凤头鹦鹉和其他一切鹦鹉（包括在澳大拉西亚①以外发现的所有鹦鹉）。新西兰鹦鹉是"时间胶囊"。当新西兰的陆地从澳大利亚板块分离出去时，它们与所有其他鹦鹉隔离开来，并且至今仍然具有一些早期鹦鹉的特征，包括较薄和较长的喙。

就像琴鸟为我们提供了一条关于"原始"鸣禽的线索一样，新西兰鹦鹉——啄羊鹦鹉、卡卡鹦鹉和卡卡波鹦鹉——使我们得以一窥早期鹦鹉的真容。它们也同样与众不同，尤

---

① 澳大拉西亚一般指大洋洲的一个地区，包括澳大利亚、新西兰和邻近的太平洋岛屿。——译者注

其是卡卡波鹦鹉，它是体形最大的鹦鹉，也是唯一不会飞的鹦鹉。和众多的新西兰物种一样，所有新西兰鹦鹉都处于严重濒危状态，这主要归咎于猫，它们是澳大利亚和新西兰以及世界各地所有鸟类的天敌。

凤头鹦鹉和"其他所有鹦鹉"组，构成了世界鹦鹉的剩余部分。在每个拥有鹦鹉的大陆上，它们都产生了一小组新物种，在许多方面，这都是自然选择对类人动物的"另一种尝试"。结果，从鹦鹉大步走来直到类人猿出现的大约3000万年的时间里，地球上最聪明的生命很可能就是这些鸟类中的一种。

* * *

我们与鹦鹉有诸多共同之处。正如我们的故事一样，这些共同之处始于长寿。回顾一下，粉红（或米切氏）凤头鹦鹉是保持寿命纪录的鸟类，83岁的"饼干"获得了这一殊荣。这是有可靠记录的寿命最长的鸟，其实大型凤头鹦鹉和金刚鹦鹉活过100岁的有很多，只是没有可靠的记录。这不是偶发事件，整个鹦鹉目都以长寿而闻名——这既是它们引人喜爱的一个原因，也是将它们作为宠物来饲养的困难所在。一只任何品种的金刚鹦鹉、非洲灰鹦鹉或凤头鹦鹉几乎都会比幼儿以外的任何主人活得久，甚至像凤头鹦鹉、南美小鹦鹉或虎皮鹦鹉这样的小型鹦鹉也比狗或大多数猫的寿命长。鹦鹉是我们饲养的唯一的必须在遗嘱和遗产中做出安排的宠物（这一特点也许与大乌龟等一些爬行动物相同，因为它们本身就以长寿著称）。

鹦鹉如此长寿的原因与其他鸟类相同。它们会飞，因此受益于环境提供的强大的 K 选择，而且它们在生活中不会遇到很多掠食者，这一点也有益于 K 选择。同时，和人类一样，它们的聪明才智和适应能力使它们变得很狡猾，使它们可以活得更久，发育出一个很强大的大脑，并对值得的长期生存技能进行投资。因此，即使与其他体形类似的鸟类相比，鹦鹉的寿命也特别长。

鹦鹉也和我们一样实行一夫一妻制。除了新西兰鹦鹉以及像红胁绿鹦鹉、马岛鹦鹉这种"怪胎"，一夫一妻制是鹦鹉界的主流，许多品种的鹦鹉都会终身结伴，而打破它们的配对关系或重新结合是非常少见的（甚至是不可能的）。它们是长寿的且拥有强大大脑的鸟类品种，而且毫不奇怪，它们是晚成性的。鹦鹉的雏鸟非常脆弱，需要持续的精心照顾，通常需要父母双方以某种方式共同参与（无论是喂养还是看护，这取决于品种)。像我们一样,它们也面临着养育高需求幼崽的挑战,这些幼崽发育所需的时间较长,以此来支持它们强大的智力,对于它们的长寿来说,这是一项物有所值的投资。

尽管鹦鹉也许是鸟类中长寿和一夫一妻制的最好和最极端的例子,但这些也是我们与许多种鸟类的相同之处。而使鹦鹉真正成为我们的镜像的是它们的大脑(只有鸦科和鹦鹉接近)以及它们的语言——它们在语言方面从所有其他动物中脱颖而出。

鹦鹉是出了名的聪明,最聪明的莫过于三大原始鹦鹉群体。这种名声在一定程度上源于它们能够模仿人类语言,尽管发出声音本身并不能真正证明它们的智力超群。从琴鸟到嘲鸫再到蜂鸟,许多鸟类都能进行鸣唱学习。不是所有鸟类的喉咙解剖结构都能让它精确地模仿人类的话语,但鸣唱学习令人印象深刻的是它们的心理能力,而不是生理局限性。不管怎么说,包括一些乌鸦在内,很多不是鹦鹉的鸟类都可以学会发出一些人类的声音。尽管如此,鹦鹉能够模仿人类话语的事实依然令我们着迷,一旦它们学会了这些声音,它们就能用这些声音表达些什么,这正是它们行为的迷人之处,而这也是人类和鹦鹉相似性的一个触点。

镜中的鹦鹉：
我们有可能进化成鸟类吗？

大多数读者可能和我一样都了解过鹦鹉的话语。当我还是一个孩子的时候，我记得我了解到（更确切地说，与其说是了解，不如说是从小说和其他书中看到）鹦鹉会说话。我不认为自己因为发现了这迷人的一点就成为一个与众不同的孩子，我认为孩子对鹦鹉说话能力的迷恋是使它们成为如此受欢迎和知名的鸟类的部分原因所在。地球上有许多五颜六色的热带鸟类，但普通人——特别是在温带的北半球的普通人，对七彩文鸟、凤尾绿咬鹃或天堂鸟的了解不多，但他们确实都了解鹦鹉。所有非驯养的鸟类（坦率地说，即使是驯养的鸟类）都很难被饲养和照料，所以我认为，具有启发意义的是，在最受欢迎的宠物鸟中（相对于牲畜），除了雀类和鸽子，其他的几乎都是鹦鹉。它们的智慧和魅力无疑是人们喜爱它们的一部分原因，但我认为它们最吸引人的地方几乎肯定是它们会说话。

告别童年是众多悲伤的根源，对我来说，悲伤之一是不再抱有一个想法，即鹦鹉会说话，取而代之的是另一个想法是：鹦鹉会模仿。在某个时候，某个人，比如父母、老师或电视节目会坚定地解释说，鹦鹉能够模仿我们的声音，但它绝对不能理解这些声音。于是我被告知，那些学会说"你好"

或"波利要饼干"的鹦鹉只是明白了模仿这些声音可以给它们带来奖励、食物或关注，而它们其实和其他鸟类一样愚蠢。反对者有一点是对的：就像鸣禽和蜂鸟一样，鹦鹉是了不起的模仿者，它们是鸣唱的学习者，能够学习和复制它们听到的声音。事实上，至少与鸣禽相比，它们更令人印象深刻，因为它们似乎可以终生这样做，而较少受到生命阶段中关于歌曲学习关键期的限制。鹦鹉当然有可能只是模仿它所听到的声音（包括人类的话语），而不知道它的意思。但当我还是个孩子的时候，我从未完全接受过的一个观点是，鹦鹉只是单纯地模仿这件事让它们不再那么特别了。甚至在我还是一个小男孩的时候，我就认为鹦鹉学习其他物种的声音并能持续模仿这些声音以获得奖励的能力是相当特别的——虽然我也可以学会模仿那些我不理解的声音（比如我的威尔士祖母所唱的歌曲），但这并未削弱我同时学习并模仿我所理解的声音的能力。也许这是一位未来科学家的特质，但在我的生活中，那些宣称鹦鹉讲话是"科学"的成年人在对鹦鹉的能力进行一些重大的但不符合逻辑的推理。也许我一直都是个鹦鹉的拥护者。

在世界各地，人们都可能发现，无论是作为宠物来饲养的鹦鹉，还是经常与人类接触的野生鹦鹉，它们都在使用我们的语言。众所周知，金刚鹦鹉查理（它与温斯顿·丘吉尔的关系存疑）拥有丰富的脏话词汇，这显然是以前的一位身份不明的、穿着天鹅绒连衫裤工作服的主人在某个时候教的。在悉尼以南几小时车程的海滨小镇杰罗阿，一只葵花凤头鹦鹉住在一家炸鱼薯条店外面的鸟舍里。它学会了"你好""再见"和其他一些礼貌用语，它对路人能适当地使用这些短语。沿着海岸线再走几小时，另一只同一品种的鹦鹉则过着野生生活，一年中有部分时间它在巴尔莫勒尔海滩附近生活，它从无数澳大利亚野餐者那里学会了在它最喜欢的树下被人过分接近时不太礼貌地说出"滚开！"。事实上，近年来有越来越多的关于澳大利亚野生鹦鹉使用与情境相适应的咒骂语的报道，毫无疑问，它们是在学习当地的英语变体。更奇怪的是，似乎有越来越多的澳大利亚野生鹦鹉学会了说英语单词，尽管它们很少接触人类，所以这些鹦鹉似乎是从那些重新加入野生鸟群的被释放的宠物鹦鹉那里学会这些单词的。即使反对者是对的，这些鸟不可能理解人类话语的意义，但我清楚地看到，它们正在做一些令人印象深刻的事情：灵活地学习这些声音，至少把它们与自己的情境或自己从附近的人类那里引发的反应联系起来。

然而，如果不谈论艾琳·佩珀伯格（Irene Pepperberg）和亚历克斯（Alex）的故事（她对这只非洲灰鹦鹉进行了长达 30 年的实验），人们就无法谈论会说话的鹦鹉。佩珀伯格的研究引起了很大的争议，并且招致了无数的批评者，他们试图通过各种手段来证明亚历克斯同样缺乏理解而只是在进行简单的模仿。但对我来说，她的研究证明了我的童年迷恋是正确的。

佩珀伯格以化学家的身份开始了自己的学术生涯，后来她迷上了动物认知和语言，于是开始研究鹦鹉的发声和测试鹦鹉模仿之下的真实理解力的极限。她在一家普通的宠物店买下了亚历克斯，选择亚历克斯是因为它是一只在出生后的第一年里并不特别健谈也不特别有趣的鸟，而她正想要一只普普通通的非洲灰鹦鹉。它的名字是鸟类语言实验（Avian Language Experiment）的缩写。她开始教它表示各种形状、颜色、数字、物体的英语单词以及几个用于自我表达的重要单词——比如"想"表示想要得到某物，"走"表示移动，以及"不"。佩珀伯格训练亚历克斯时使用的是"榜样 – 对手法"，即由一名人类训练师与鸟和另一个人进行互动，另一个人被要求完成与这只鸟类似的任务，并与这只鸟争夺训练师的注意力和奖励。

亚历克斯学习单词本身的速度很慢，可一旦掌握了这些单词，它对这些单词的理解就非常出色。它能辨别最基本的颜色和形状，能把"钥匙"这个词正确地和真正的金属钥匙而不是塑料玩具钥匙联系起来，不管它们有多么不同。它还认识并能要求得到它的大部分食物——"香蕉""浆果""坚果"等。它能正确地数出物体的数量——最多6个，并准确回答"有多少个？"甚至在包括物体附带修饰语的时候，比如"有多少个是蓝色？"它都能回答。当没有物体是所问的颜色时，它甚至可以用"无"来进行正确回答——这是它对"零"这一概念的理解。佩珀伯格和她的团队会改变物体、问题和复杂性，以探究亚历克斯对它所用单词的理解，向它展示它以前从未遇到过的组合或问题，以证明它不是简单地模仿或死记硬背。随着训练的深入，它的语言能力持续增长。

这些成就已经让亚历克斯在动物中处于非常罕见的群体。亚历克斯使用的交流方式在动物中几乎是闻所未闻的，它会提出"想要坚果"，当它答错问题或当它面前的人类看起来很沮丧时，它会使用"对不起"这样的社交润滑剂词汇。我们只在我们自己身上，在亚历克斯（以及随后在佩珀伯格实验室里出现的非洲灰鹦鹉）身上，在少数学会使用手语的大猿身上看到过这些能力。在 30 年的实验中，亚历克斯学会了 100 多个单词，并始终如一地、恰当地、和合乎句法地使用它们。在它 31 岁时，它的语言能力已经和蹒跚学步的人类孩童差不多，更令人印象深刻的是，它说的不仅是一种不同于它父母的语言，而且是一种不同于它的物种的语言。亚历克斯在一天晚上意外去世，这对研究计划来说是一个毁灭性的打击，因为它至少还有 15 年的平均预期寿命。它一直有点不舒服，有呼吸问题和拔羽毛的习惯。它似乎死于突发的心脏问题，这可能是一颗等着索它性命的基因定时炸弹。它最后（录音）的话是它在佩珀伯格离开实验室时对她说的：“保重。我爱你。明天见。”

2013 年，当我和佩珀伯格见面并一起进行研究时，亚历克斯已经去世六年了，在她的实验室里，那项研究在另外两只非洲灰鹦鹉身上在继续进行。她的研究既备受赞誉，又饱受诋毁。我清楚地记得五年后的一个场合，她的研究在一次会议演讲中被提到，结果她的名字引起了后排一位科学家的喊叫，要求与演讲者私下进行讨论，以解释为什么她的研究都不应该被认真对待。我觉得，许多对她的研究持反对意见的观点除了那种在动物认知研究领域的某些角落仍然盛行的古怪倾向（即怀疑所有动物的成就都是无法控制的），几乎没有什么依据。她面临的一个不太猛烈的负面意见是，她只有一个测试对象——然而，考虑到这需要像抚养蹒跚学步的孩子一样喂养一只鹦鹉30年，我认为只有一个测试对象是可以理解的。无论如何，自那以后，她又转向了另外几个测试对象。在与佩珀伯格就这些实验进行详细讨论之后，虽然我理解她的批评者的担忧，但就我而言，我相信亚历克斯知道自己在说什么。佩珀伯格表示同意，称亚历克斯的发声不是它留给人类的"语言"，而是"代码"。对她来说，最令人信服的语言壮举是当亚历克斯第一次面对一个苹果（它没有掌握表示苹果的单词）时，它结合自己对浆果（berry）的颜色以及香蕉（banana）的味道和大小的理解，将这种水果称为"贝恩果"（banerry），之后它一直继续用这个词来表示苹果。这显示了一种真正的理解，即声音的意义不仅是人们可以艰难地从人类身上获得的回报。这种通过创造新词来扩大自身词汇量的能力是亚历克斯理解人类语言的最有力证据之一。

然而，对我来说，亚历克斯最令人印象深刻和最像人类的成就并不是它最后说的话，也不是它发明的"贝恩果"一词。它的训练师会和它玩的游戏之一就是简单地展示物品，然后问："什么颜色？"亚历克斯很擅长玩这个游戏，无论是单个物体，还是颜色相似的一组物体，它都能做出正确而一致的反应。有一天，它看着镜子中的自己，问道："什么颜色？"（一位研究人员）回答了一个它没有学过的单词："灰色"它很快就学会了这个新单词，但重要的是这个问题。就在那一刻，亚历克斯成了已知的第一个向人类提出问题的非人类。这不是仅仅只出现过一次的侥幸事件。它可以把这个问题和其他问题应用于各种情况，经常用自己的问题来回答佩珀伯格的问题，并希望自己的问题能得到回答——当答案没有出现或明显错误时，它会表现出沮丧。在其他会说话的鹦鹉和鸟类以及使用手语的猿类中，亚历克斯仍然是人类之外唯一问过我们问题的动物。在动物能做的事情中，几乎没有什么比询问这种行为更像我们人类了。

* * *

和佩珀伯格一样，我仍然不能完全把鹦鹉的发音称为"语言"。我们人类的语言是一种独特的存在，就连和我们最相近的近亲也无法接近，而鹦鹉作为我们的进化镜子，只能在附近竞争。但我们的镜像拥有的远不止是语言，鹦鹉和我们一样有智慧，在这一最像人类的特征方面，它们和我们一样，也会学习，会感到烦躁，会拥有个性和艺术性。

任何接受挑战喂养过非洲灰鹦鹉、金刚鹦鹉或凤头鹦鹉的人都会知道它们有多狡猾。它们都是出了名的难养的宠物。金刚鹦鹉可能是这三种鹦鹉中最容易养的，它们的体形很大，更危险的是，它们长着巨大的喙，可以对笼子里或附近不受欢迎的对手造成严重伤害。但总体而言，它们相对（我强调这个词）温和，相对（我加倍强调这个词）安静。它们一口就能将你咬出血来，或者因为吵闹将你赶走，但这也可以通过精心喂养而予以避免，这时鸟类喂养者往往会发现它们是大型鹦鹉中最"放松的"。灰鹦鹉是三种鹦鹉中体形最小的，最不可能造成严重的身体伤害，但使它们跻身最健谈鸟类之列的发声倾向也让它们成了吵闹的室友，使它们成为受欢迎鸟类的智力也让它们容易变得无聊和烦躁。当面临压力或感到无聊时，它们有自残的倾向，会拔下自己的羽毛，损害自己的健康和飞行能力。

凤头鹦鹉是一种疯狂的宠物。它们是体形巨大的鸟类，长着大而有力的喙，天生具有将东西撕裂的进化动力。它们可能是所有鹦鹉中声音最洪亮的，叫声听起来更像是成年男子用假声尖叫。此外，虽然一些金刚鹦鹉的喂养者报告说，通过让金刚鹦鹉开心和享受娱乐（他们的想法是，金刚鹦鹉尖叫是为了引起注意，就像我们自己的孩子一样），他们成功地将响亮的噪声降到最低水平，但当你回到家时，当你和凤头鹦鹉打招呼时，当你给它们食物时，凤头鹦鹉往往会高兴地尖叫。

也许这就是为什么在我看来，凤头鹦鹉比其他两类原始鹦鹉更接近于自然界中另一种思维进化，无论是它们的喧闹、粗鲁、噪声，还是它们吵吵闹闹的行为。它们和伴侣的关系持续多年甚至终生，寿命很长，会说话，会尖叫，它们聪明到不能作为宠物被驯服的地步（它们在"主人"家的角色更像是一个永远蹒跚学步的孩子）。和我们一样，它们的一系列极端行为也是自成因果的——智力、社会学习和互动、长寿和一夫一妻制相互推动，相互加强。就像人类一样，它们的智力对于它们面临的生存问题来说几乎是超乎寻常的，并溢出到了创造性、玩耍，甚至艺术性中。因此，它们可能是最像鸟的鸟类和最像鹦鹉的鹦鹉，它们也最像人类。

所有大型鹦鹉的喂养者（尤其是凤头鹦鹉的喂养者）都面临的一个挑战是如何锁上笼子。一只关在笼子里的鸟需要真正被关在笼子里，而大型鹦鹉是众所周知的逃脱大师。这些鸟类中的天才发现，学会打开关住小型哺乳动物和其他鸟类的闩锁、螺栓和夹子是非常稀松平常的事。对此，大多数大型鸟类饲养指南的建议是要么使用真正的锁和钥匙，要么使用更方便但可靠性较低的螺丝扣安全钩（至少在一段时间内会给没有手的动物造成麻烦）。

实验室研究也证实了这些鸟类的专业开锁能力。戈芬氏凤头鹦鹉是凤头鹦鹉家族中体形较小的成员之一，它们一直是奥古斯特·冯·拜恩（Auguste von Bayern）的妹妹爱丽丝·奥斯佩格（Alice Auersperg）首选的研究动物，奥古斯特·冯·拜恩曾与亚历克斯·卡塞尔尼克一起研究过新喀里多尼亚乌鸦。注意到这些鸟类解决问题的能力后，奥斯佩格、卡塞尔尼克和冯·拜恩给它们布置了一项似乎不太可能完成的任务。他们打造了一把可以控制小舱口的五步锁，仓口内装着一个腰果——一个非常理想的奖品。当锁完全啮合时，凤头鹦鹉必须按顺序拉动锁销、旋转并拧下螺钉、抬起并移开螺栓、旋转一个拨轮并滑动门闩，这样才能打开仓口并拿到坚果。经过训练，凤头鹦鹉知道舱口里有腰果，这为它打开仓口提供了动力，但除此之外，它们不熟悉任何锁定装置。这就是一个在孩子身上我们花费多年时间观察的关于开发灵活性和理解力的物理操作问题。

其中一只凤头鹦鹉花了100分钟才完全解决了开锁问题，它进行了5次尝试，每次耗时20分钟。一旦它学会了开锁，就没有什么能阻止它——它再也没有失败过。一只名叫皮平的鸟是唯一一只在为其提供的为数不多的课程中独立学会这种能力的鸟，但接下来发生的一切才是真正属于人类风格的智力发挥作用的地方。

然后，其他鸟获得了以下两种方式中的一种，以便它们更多地了解锁——一些鸟接触到的是不完整的锁，它们得到奖品所需的步骤更少。随后更多的步骤逐一增加，从而建立起它们对整个锁的了解。其他鸟则被允许观看皮平开锁。最终，八只鸟中有六只学会了开锁，但它们中的大多数是利用已经获得的知识或其他鸟的知识做到这一点的。至关重要的是，一旦它们学会了解决每一步，它们就很少会再在这一步上栽跟头，从而建立起对锁的始终如一的工作知识。

更令人吃惊的是，这些鸟似乎还知道改变锁的每个部分的物理后果。研究小组进行了一项实验，在这项实验中，锁的一个中间部分是缺失的。这不仅意味着鸟不需要完成这一部分操作，而且意味着序列中早于缺失部分的所有操作都可以被忽略。鸟倾向于直接进入第一个实际发挥作用的部分，这表明它们明白其他更早的步骤不再是必要的。

这是一组令人印象深刻的行为——从其中一只鸟弄明白一个如此复杂和不自然的操作问题，到其他鸟通过社会学习学会了如何自己操作，再到它们有能力正确推断锁的各部件之间的相互作用。这看起来很像人类。锁的复杂性可以与许多早期的人类发明相媲美，甚至超过它们。但特别值得注意的是鸟对锁的结构的理解，这一理解使一种即时推理成为可能。这是促进身体懒惰的智力，也是最像人类的特征之一。

戈芬氏凤头鹦鹉还把这种理解周围物体相互作用的基本原理的能力带到了最著名和最令人担忧的动物智力练习之中——使用工具。回想一下，我们了解到，使用工具曾经被认为是人类的一个决定性特征，但它实际上甚至不是一个可靠的智力指标，因为有许多动物甚至将工具作为自身行为的固有部分。戈芬氏凤头鹦鹉，或者说所有的凤头鹦鹉（可能有一个我们将会讨论的例外），并不把使用工具当作它们固有行为的组成部分。或者至少，我们认为它们不会这么做。对于一种像凤头鹦鹉这样聪明的动物来说，如果明天我发现它们使用各种工具已有亿万年之久，我一点都不会感到惊讶。（作者注：事实证明——它们使用各种工具的历史可能确实已有亿万年！）我之所以这样说，是为了说明鹦鹉可以多么容易地击败我们长期以来对其能力的假设。就在这本书即将出版、页面校样全部完成之际，包括艾丽斯·奥尔施佩格在内的一组研究人员发现，一些野生戈芬氏凤头鹦鹉可以使用各种工具来帮助它们获取某些水果的种子。只有少数凤头鹦鹉会这样做，这似乎是一种对研究人员提供的水果做出反应的习得行为，而不是一种典型行为，但尽管如此，它们仍然是使用工具的野生凤头鹦鹉。该研究目前仍在进行中，以确定不同种群的工具使用——即文化——是否存在地区差异。

无论如何，没有证据表明该物种普遍使用日常工具，这也不是它们行为的正常组成部分。我们证明戈芬氏凤头鹦鹉使用工具的第一个证据是偶然获得的。向我们展示凤头鹦鹉开锁技能的维也纳大学实验室里住着一只名叫费加罗的雄性凤头鹦鹉，它是生活在一间鸟舍里的几只凤头鹦鹉之一。像大多数此类建筑一样，这间鸟舍由金属丝网墙和木质框架建造而成，金属丝附着在木制框架上。

一名研究者一直在观察费加罗玩一块小卵石，有一天，小卵石掉到金属丝网外面了。尽管它可能试图穿过金属丝网去够小卵石，但小卵石掉在它的喙或爪子够不到的地方。于是，费加罗叼来一根小棍子，让它穿过网眼，试图把石头拉回它身边，但没有成功。研究人员感到震惊——费加罗试图使用工具，它是第一只被发现这样做的戈芬氏凤头鹦鹉。他们将它与群体中的其他鹦鹉隔离开来（以避免任何社会学习），并开始更加系统地测试它对工具的使用。

他们把一颗坚果放在鸟舍底部的一根木质框架梁上，放在它的喙或爪子够不到的地方，然后等待着。起初，它发现了一根不适合这项任务的小棍子，当这根棍子明显不能完成任务时，它很快就将之丢弃了。面对这一困境的费加罗再次震惊了研究人员。在接下来的 25 分钟里，它煞费苦心地啃下了一根又长又薄的落叶松木梁框架，小心翼翼地将木头咬穿，切成合适的形状。这根木梁框架刚被从木头上取下，它就用喙叼着它，穿过网眼，小心地使坚果朝它移动，直到它可以透过网眼抓起坚果吃掉。费加罗不仅会使用工具——它还会制造工具。

费加罗第一次使用工具已经足够令人印象深刻了——与新喀里多尼亚乌鸦不同，使用工具不是凤头鹦鹉正常的进化行为中的一部分，这是有充分理由的。在野外，新喀里多尼亚乌鸦使用工具来获取隐藏在原木和树枝中的食物（特别是蛴螬）。作为一只乌鸦，它有狭长的喙，很适合用来吃昆虫和精确地操作工具，但却无法穿透厚厚的木头。凤头鹦鹉没有这个问题，在澳大利亚的森林（凤头鹦鹉的原生地）中，几乎没有什么东西是它们巨大而有力的喙不能穿破的。在野外，众所周知，觅食的凤头鹦鹉在寻找食物的过程中会对树木造成很大的破坏。新喀里多尼亚乌鸦需要进化出使用工具的本领来从树枝中取出食物，而凤头鹦鹉总是可以选择简单地咬穿原木。

然而，进化并未使凤头鹦鹉为金属丝网做好准备。面对一种它无法咬穿的材料，费加罗利用它巨大的大脑而不是它的大喙找到了一根棍子。如果使用工具在经常使用工具的新喀里多尼亚乌鸦身上不是智力的确切标志，那么使用工具在从来没有这样做过的凤头鹦鹉身上肯定是智力的确切标志。此外，如果说乌鸦贝蒂在弯钩实验中制作工具是其智力的标志，那么费加罗随后在没有合适工具的情况下制作工具的行为则更令人印象深刻，因为它一开始根本就不使用工具。

费加罗展示了它的智力灵活性和它的发明能力。当贝蒂把金属丝弯成钩子时，它制造了一种它以前使用过的工具。这确实非常令人印象深刻。但是，当费加罗用落叶松木梁制作它想要的木棍时，它发明了在它的物种中从未见过的东西。

这足以与人类的聪明才智相提并论。我们比其他任何物种都更像是会发明创造的野兽。我们广泛的工具制造、修改和使用技能与我们的智力密切相关，因为我们的智力是无限的，而且总是在适应环境。面对一个它的身体无法解决的问题时，费加罗利用自身头脑的即刻灵活性，用它周围的材料创造了一个解决方案——对于任何物种来说，这都是一个不可思议的壮举，更何况是一个体重只有人类体重两百分之一的物种——它们的大脑更小，数亿年的进化将其与我们分离开来。

但费加罗的故事还没有结束。人类的学习方式是社会性的，鹦鹉的学习方式也是如此——相互学习是我们这两个物种双双获得成功的部分原因。为了避免费加罗将使用工具的天赋传给实验室里的其他凤头鹦鹉，研究人员将费加罗孤立起来，然后系统性地允许其他六只凤头鹦鹉观察费加罗使用它新发明的工具来取回原本够不到的坚果。

仅仅进行了几次这样的演示，这项发明就开始传播开来。有趣的是，观察费加罗（一只雄性凤头鹦鹉）的三只雄性凤头鹦鹉都学会了以类似的方式来使用工具，但却没有一只雌性凤头鹦鹉能做到这一点。当然，这可能是因为一项小实验的随机性，或者人们可能选择在鸟类身上解读出人类的性别歧视倾向。我认为，更有可能的情况是，凤头鹦鹉的社会学习能力让它们对其他尽可能像观察者的鸟类行为给予了特别的关注——因此，雄性凤头鹦鹉可能会非常合理地得出结论，其他雄性凤头鹦鹉面临的问题是与自己最相关的问题，并会特别关注这些问题的解决方案——这是一种聪明而高效的行为，虽然这一行为尚未得到证实。然而，比鹦鹉的性别更重要的是，只需要观察四次到五次，被试群体中就有一半的鹦鹉学会这种行为——如果另外三只凤头鹦鹉在更多的接触和练习后最终也能够学会这种行为，我并不会感到惊讶。

作为学习者的凤头鹦鹉也在它们使用工具的方法中加入了它们自己的"创意"——一只凤头鹦鹉用脚而不是用喙来操纵工具，另一只凤头鹦鹉用舌头轻推工具。它们都从费加罗身上学到了一点，即这种使用工具的方法是可行的，但它们又进一步调整了方法，使其更适合它们。这不仅是模仿行为。就像非洲灰鹦鹉亚历克斯的讲话一样，这是一系列行为，展示了真正的理解——对世界及其运行模式的把握，以及与世界互动、并以灵活和不断变化的方式来改变世界的能力。这是我们人类每天所做的事情和我们用来改变世界的行为的一个经过缩小但仍然可以识别的版本。

可以说，凤头鹦鹉的高度智慧和足智多谋还让它们与我们一样拥有一些令人讨厌的特征。关于人类的可悲事实是，我们的智慧和创造力的后果之一是我们的怨恨和报复能力。这是一种极不寻常的行为。为了保护自己或自己的后代或群体，许多动物会诉诸暴力甚至杀戮，这并不奇怪。当然，更多的动物诉诸暴力和杀戮是为了进食。最不寻常的是通过暴力或破坏来表达观点。

人类一直都在这么做。种种暴力、残忍、无情的行为都是为了传递一个信息——从穷凶极恶的战争和导致死刑的滔天罪行，到办公室政治的攻击，所有这些都只是为了激怒我们的同胞。这种恶意行为是一项复杂的任务，原因有二。首先，行为人和受害者都必须足够聪明，能够理解后果——除此之外，他们必须知道对方也理解这些后果。所以，如果我因为你一直把咖啡杯留在办公室的水槽里不洗而打碎了它，那么，如果我知道你足够聪明，能把这两种行为联系在一起，并有可能因此被吓到而改变你的行为，我发出的信息就是有效的；否则，你可能会认为打碎东西是一种莫名其妙的自然行为，与你习惯让咖啡杯一直脏兮兮的无关。此外，我们双方都必须明白，打碎杯子和杯子缺乏清洗之间的联系不是自然的，而只是因为一位人类同胞创造了它来表达自己的观点。大多数动物无法理解这种恶意行为的层级复杂性，可能只是将其解读为大自然特有的正常水平的混乱或不愉快的一部分。

其次，用怨恨来表达观点需要一套声誉体系，否则就只是白费力气。你不太可能因为我的行为而开始清洗你的咖啡杯，除非你认为这表明我可能会继续这样做。如果你认为我永远不会再这样做，或者如果你知道我永远不会再去你的办公室，那么你就没有理由改变你的行为。你预判我是那种打破杯子的人，是不断出现的恶意破坏威胁，正是这种预判激励着你做出了日益文明的办公室行为。而对于动物世界中的大多数互动来说，不太可能有声誉效应来发扬怨恨。在动物始终如一的社会群体中，声誉是可以建立和维持的，但如果捕食者和被捕食者都在第一次互动中幸存下来，它们就不太可能会再次相遇。

生物学家对怨恨的定义与我们在正常语言中使用它的方式略有不同。重要的是不要将怨恨误认为是简单的暴力或破坏，抑或是谨慎的策略。一个关键因素和利益有关。如果我把你的咖啡杯打碎是因为我喜欢它，我想得到它，这就不是怨恨。这是令人不快和充满破坏性的，但它在进化上也是直截了当的。我想要某样东西，所以我拿走了它，尽管是通过令人不快的方式。这是完全正常的、理性的进化行为。在一段稍有名气的视频中，一只凤头鹦鹉撕下了建筑物上的防鸟刺，这种行为就属于这一类。凤头鹦鹉并非恶意，只是理性罢了，它正在从环境中清除一个不受欢迎的障碍。人类可能希望这些刺留在原地，但这与它无关。真正的怨恨必须是对恶意的行为人毫无益处，甚至可能是有害的东西。

214

因此，尽管我们倾向于把从打碎杯子到战争中的身体暴力行为等一切行为称为"恶意的"，但生物学家不会使用这个词：这些行为背后有策略和声誉使它们成为实现某些利益的合理方法。真正的生物学上的恶意不会带来任何个人利益——它只会对受害者造成损害，有时甚至会对行为人造成损害。

生物学家对真正的恶意存有极大的争议。许多生物学家认为，真正的恶意并非真的有可能，我们在动物（甚至是人类）身上观察到的任何表面上的恶意都有某种我们还未能观察到的声誉系统的支持，或者是我们没有看到的对行为人的某种好处。无论真相如何，有一件事似乎至少在逸事层面上是肯定的：凤头鹦鹉可能是恶毒的。

在实验室研究领域之外，在澳大利亚有一个众所周知的事实，这是对那些对凤头鹦鹉经常光顾他们的后花园感到高兴的澳大利亚人的一个严厉警告①。许多被自家后窗外大型而

---

① 当地的传说和新南威尔士州政府的文件警告人们不要喂食凤头鹦鹉，因为据说当没有更多的食物供应时，凤头鹦鹉会做出"恶意"的反应，它们会对屋外平台木板、窗户装饰、花坛和任何它们可以摧毁的东西造成严重破坏。

吵闹的鹦鹉所吸引的澳大利亚人会为这些鸟摆放种子和其他诱饵，而这就是警告的来源：如果你喂它们，之后又停止喂它们，它们就会把愤怒发泄在你的房子上。在撰写本文时，我仍处于这一过程的早期阶段，于是我也听到了同样的建议。据说，一旦你停止喂食，或者忘记补充食物，野生鹦鹉，尤其是葵花凤头鹦鹉就会撕裂你屋外的平台木板、壁板、窗户装饰、电线、花园植物、椅垫和你花园里的任何其他东西，以此来表达它们的不满。正是出于这个原因，澳大利亚新南威尔士州的规划、工业和环境部在其网站上保留了一个令人忍俊不禁的部分，名为"如何阻止凤头鹦鹉攻击我的财产？"

起初，凤头鹦鹉撕毁木质装饰的行为是可以理解的。正如我们在费加罗的例子中看到的那样，撕开木头寻找食物（尽管不是将其用作工具）是凤头鹦鹉的一种自然行为，在吃完盘子里的种子后，它们可能有理由得出结论——在你的屋外平台木板上可能还有更多的食物，或者它们会沮丧地短暂啄一会儿木框，它们会继续在木梁上仔细咀嚼，直到很明显地意识到这里不含食物，然后它们会转向完全不相关的材料，如挡风雨条和金属配件。它们在整个澳大利亚大陆的后花园里大肆破坏，就像黑手党要求获得保护费一样。正式的研究尚未对凤头鹦鹉的"恶意"进行适当的调查，但对于至少一个国家的人来说，众所周知，凤头鹦鹉的"恶意"与我们自己的"恶意"不相上下。

虽然智力使它们能够模仿一些更可怕的人类特征，但凤头鹦鹉与人类的相同之处还在于它们可以欣赏我们所有看似独特的发明中最美丽的一种发明。

2007 年，整个英语世界的新闻报道都以一只具有人类趣味的毛茸茸的动物结束，或者说这次是有"鹦鹉趣味"。一只名为"雪球"（Snowball）的鹦鹉（又是一只葵花凤头鹦鹉）随着后街男孩的音乐上下摇摆、移动、摇摆、迈步——实际上它是在跳舞。这段视频之所以引人注目，不仅是因为它给观众带来了欢乐，还在于它引起了科学家安妮鲁德·帕特尔（Anniruddh Patel）的注意，他注意到了"雪球"舞蹈的不寻常之处，这个不同寻常之处在每天发布在网上的无数其他动物随着音乐舞动的视频中表现得并不明显。

几年来，这就是所有人从"雪球"那里看到的一切。然而在幕后，帕特尔和他的团队与"雪球"的照顾者取得联系，并安排进行了一些测试。帕特尔为"雪球"播放了它跳舞时所用歌曲的 11 个修改版本，放慢或加快速度以改变节奏，并拍摄了这只鸟的舞蹈。他还采访了"雪球"的照顾者，以确保他们的说法是真实的：他们从未训练"雪球"做出任何这些动作，所以这些动作都是它对音乐的自发反应。当"雪球"为帕特尔的实验跳舞时，它是在没有任何人观看或与之互动的情况下跳舞的，它不是为了奖励，也不是为了引起注意，"雪球"为自己而舞。结果令人惊讶。

"雪球"有节奏感但它的节奏感不是很好，它在将近75%的时间里略微（或不只是略微）偏离了节奏。但它有25%的时间都在节拍上，这一点很重要——这仍然要远远好于你对一只未经训练、不按音乐节拍随意舞动的动物的偶然预期。帕特尔的团队宣布"雪球"是第一只得到科学证实的会跳舞的动物。

研究仍在继续，几年后的另一项研究表明，"雪球"至少使用了14种不同的舞蹈动作，随着情绪的变化，它会加快这些动作，并以不同的组合进行变化。它把跺脚、摇摆、摇头和许多其他有节奏的动作结合在一起，形成了自己独特的舞蹈。"雪球"的节奏感，以及它对音乐未经训练的节奏反应，使它成了极不寻常的动物。令人惊讶的是，除人类外，很少有其他物种能做出像跳舞这样的事情。目前还不清楚是否有灵长类动物能够像"雪球"一样跳舞——创造性地、有节奏地跳舞，并且是为了自娱自乐，而不是为了获得奖励。在黑猩猩身上也出现过一些关于这一行为的证据，但在鹦鹉身上，即使不常见，"雪球"跳舞出现的频率也足以表明了它不是一次性的舞者或天才。根据记录，有几个不同的物种在没有经过训练也没有奖励的情况下发明了有节奏的舞蹈，似乎是为了自娱自乐。这似乎在一定程度上与支持鹦鹉说话的鸣唱学习能力相似。与大多数动物相比，鹦鹉不仅对声音的意义很熟悉，而且对声音的产生和操纵也都很熟悉，研究表明，正是这种能力使它们能够跳舞。这似乎是另一个关于智力的例子，学习和发明能力使其超越了自身正常的进化用途，并在鹦鹉身上以与人类非常相似的方式创造了游戏和实验行为。到目前为止，它们似乎是唯一像我们这样欣赏音乐的动物。

在澳大利亚约克角半岛的最北端，以及托雷斯海峡另一侧的新几内亚岛，生活着一种不同于其他凤头鹦鹉的鸟。它被认为是进化史上最古老的凤头鹦鹉，先于所有其他凤头鹦鹉从进化谱系中分离出来，尽管从理论上讲它属于白凤头鹦鹉亚科，但除了鲜红的脸颊之外，它通体漆黑。它是一种体形巨大的鸟，是所有会飞的鹦鹉中体形第二大的，仅次于南美洲的紫蓝金刚鹦鹉。和紫蓝金刚鹦鹉一样，它长着不成比例的大喙（即使就它的体形来说也是如此），它的眼睛和面部呈现出一种宁静的、超凡脱俗的神情。

这种鹦鹉是棕榈凤头鹦鹉，一个古老的物种，它们已经在这些偏远的地区栖居了数百万年，是我们与那些拥有漫长的"走出澳大利亚"之旅的凤头鹦鹉最接近的活体联系，这一旅程最终将使它们接触到后来走出非洲的人类。棕榈凤头鹦鹉非常长寿，至少有一份科学报告称，动物园里的一只样本鹦鹉寿命长达 90 岁，它们以悠闲的速度进行繁殖，大约每两年养育一只雏鸟。它们终身结伴。它们的交流和发声是复杂和模块化的，有大量的呼叫和音节可以进行组合和重新排序，它们的问候呼叫几乎与人类的"你好"没有区别。

它们也是我们所知的唯一在野外使用工具的凤头鹦鹉。它们擅长选择合适的坚果壳和制造棍子，用它们巨大的喙仔细地进行切割，形成完美的工具。但是，与新喀里多尼亚乌鸦不同，甚至与它们的远亲戈芬氏凤头鹦鹉费加罗不同的是，它们不使用工具来捕食蛴螬，也不使用工具来获取令人讨厌的生物学家放置在够不到的地方的食物，或者根本不用工具觅食。它们不像黑猩猩那样用工具砸开坚果或收集饮用水，棕榈凤头鹦鹉的工具不是战争或狩猎的武器，而是它们的乐器。一只雄性棕榈凤头鹦鹉选择一根棍子或一个坚果作为鼓槌，敲打一根枯死的中空树枝，有节奏地敲打出节拍，这是它在寻找终身伴侣时精心设计的交配仪式中的一部分。击鼓可慢可快，可短可长，并且是有节奏敲打，以此来向雌性证明雄性值得与之共度漫长的一生。有节奏的击鼓是连我们的大猿同伴都做不到的事情。这种技能可能是我们人类对音乐痴迷的核心，鼓是我们最早的乐器，并为所有人类文化和民族所共享，而且只与一种动物共享。

* * *

本书一开始就解释了何为趋同进化，以及它如何为人类行为的"为何"问题提供了一种见解。尽管相隔了3亿年的进化鸿沟，但鸟类和人类，更确切地说，鹦鹉和人类，在行为的几个关键元素上已经趋于一致，并且这些元素还在相互加强和扩大。鹦鹉进化的关键元素从飞行开始，而人类进化的关键元素则从变得异常聪明开始。漫长的生命和漫长的童年发展从此开始，这给了我们一夫一妻制的交配制度和高质量的双亲照顾。鹦鹉也部分地拥有人类的高度智力，由于我们的长寿和强大的大脑，我们和鹦鹉开始向我们各自物种的其他成员学习并分享知识，进行越来越详细的交流。漫长而高度社会化的生活促使了更强大的大脑进化，于是生存不再是问题，生活的意义变成了如何缓解无聊并与我们周围的世界进行交往。

在我们出现之前的数百万年，鹦鹉就发现了这一进化轨道，在当时，这似乎只是许多种生活方式中的一个生态位，与其他方式不同，但也并不特别。然而，其实它是通往极端生活的火箭。数百万年后，当我们发现了同样的轨道时，我们从自己与众不同的哺乳动物的基因出发，重新踏上并超越了鹦鹉的道路，使我们最终看起来不像是一种非凡的哺乳动物，而像是一种奇怪的没有羽毛的鸟。

1787 年，今天澳大利亚境内的第一个欧洲殖民地在悉尼建立，由此开始建立一个新的帝国统治，并最终在这块大陆上建立了一个新的国家。澳大利亚的殖民地化使欧洲人与地球上最古老的人类文明之一发生了接触和冲突。尽管专家们的看法各不相同，但澳大利亚原住民被普遍认为不晚于 5 万年前到达了这块大陆，一些证据表明，他们抵达这里的时间甚至比这还要早 2 万年。

我们不知道第一批澳大利亚原住民在这块大陆登陆的确切时间，也不知道他们究竟是如何在这片土地上繁衍扩散的；我们只能从考古遗址中拼凑出一些蛛丝马迹。我们对遥远过去的大部分了解仅限于我们能从地下挖掘出来的东西。但我们知道有一种生物在约克角等待着他们，约克角是澳大利亚大陆的最北端，在广阔的卡奔塔利亚湾的另一边，他们很可能在这里第一次登陆了阿纳姆地。3000 万年来，它一直在缓慢地进化和融合，沿着同样狭窄的道路，通过自然选择的曲折，到达一个与其他生态位不同的生态位，现在它遇到了自己的镜像。数万年后，生物学家才会揭示出我们与我们的镜像鹦鹉是多么相似，但我怀疑第一批昆士兰人知道这一点。当第一批人类抵达约克角时，当然没有人类在那里迎接他们，但那里有一只巨大的凤头鹦鹉，它有一个终身伴侣，它直立着，从树上俯视着他们。它在打鼓，它用冗长的、无法理解但显然有意义的短语说道："你好。"

致谢

　　本书是我的第一本书，也是我迄今为止写得唯一一本书。我之所以能写出这本书，要归功于我的父母托尼·马蒂纽（Tony Martinho）和桑德拉·马蒂纽（Sandra Martinho）。他们为满足我的好奇心、为我的教育、为我不断提出的问题投入的时间和精力，使我成了一名科学家，我永远感谢他们。我的整个大家庭培养了我对大自然的兴趣，我特别感谢我的姨妈埃莱娜·维希曼（Elena Wiechmann）和姨父迈克·维希曼（Mike Wiechmann），感谢他们对我的教育和科学工作的关注，我也感谢我的岳父母凯茜·赫尔（Cathie Hull）和斯图尔特·特鲁斯韦尔（Stewart Truswell）对我的工作和家庭的一贯支持。

　　我必须感谢亚历克斯·卡塞尔尼克（Alex Kacelnik），他是我的博士生导师、研究小组组长、合作者和学术"父亲"，感谢他所做的一切，他是我最要感谢的一个人。没有他，我将一事无成——我的科学研究的每一个部分都以这样或那样的方式在他的关注下进行，他自己的研究成果和他教给我的思维方式贯穿了本书始终。

我还要感谢牛津大学动物系的所有成员，他们的工作和对话启发了本书中的一些见解、题外话或轶事，他们为我在牛津大学动物系期间的研究提供了支持，他们的友谊使我们的研究充满活力，特别是多拉·比罗（Dora Biro）、蒂姆·吉尔福德（Tim Guilford）、阿德里安·托马斯（Adrian Thomas）、伊兹·瓦茨（Izzy Watts）、露西·泰勒（Lucy Taylor）、纳乔·华雷斯·马丁内斯（Nacho Juarez Martínez）、安德烈斯·奥赫达·拉古纳（Andrés Ojeda Laguna）和许多其他人。

除了牛津大学的导师和同事，包括奥古斯特·冯·拜恩（Auguste von Bayern）和乔治·瓦洛蒂加拉（Giorgio Vallortigara）在内的许多研究人员也对我的研究和写作这本书做出了巨大贡献。除此之外，我还要特别感谢许多在小鸭实验室承担项目的本科生研究人员，特别是帮助我建立该实验室的四名彭布罗克[①]人。

---

① 彭布罗克是加拿大安大略省东南部的一座城市。——编者注

正如这份长长的致谢名单所揭示的那样，没有编辑，我就无法完成这项工作，为此，我要向牛津大学出版社的莎拉·梅农（Latha Menon）致以深深的谢意，是她编辑和完善了这本书。我还要深深感谢催促我将手稿变成书的珍妮·纽吉（Jenny Nugee），以及牛津大学出版社所有出色的工作人员，他们都为此书的顺利出版做出了贡献。此外，我还要感谢我在万古图书公司的编辑萨莉·戴维斯（Sally Davies），她帮助推动了促成本书出版的大量工作。

在牛津大学，还有很多人是我必须要感谢的，我感谢他们多年来对我的支持和友谊：吉尔·克鲁（Jill Crewe）和艾弗·克鲁（Ivor Crewe）、桑迪·默里（Sandy Murray）、威廉·罗思（William Roth）、罗宾·邓巴（Robin Dunbar）、拉尔夫·沃克（Ralph Walker）、丹尼尔·罗宾逊（Daniel Robinson）、道恩·拉瓦勒（Dawn LaValle）、托马斯·普林斯（Thomas Prince）、杰雷米亚斯·亚当斯－普拉斯尔（Jeremias Adams–Prassl）和阿比·亚当斯－普拉塞尔（Abi Adams–Prassl），以及牛津大学和牛津大学莫德林学院的无数其他同事和朋友。

在哈佛大学，我的导师和研究主管，包括安德鲁·贝里

（Andrew Berry）、直美·皮尔斯（Naomi Pierce）、瑞安·德拉夫特（Ryan Draft）和弗洛里安·恩格特（Florian Engert），他们都帮我走上了研究进化论和动物行为的道路。

我在悉尼大学圣保罗学院的同事和朋友都为这本书的问世做出了贡献，我要特别感谢院长唐·马克韦尔（Don Markwell）和埃德·洛阿内（Ed Loane），感谢他们为帮助我持续进行的研究所提供的灵活性和通融。我还要特别感谢凯蒂·艾伦（Katie Allan），感谢她先后以副院长和高级导师的身份为我的研究工作顺利开展所提供的持续帮助。我不能奢望一个更具学术气息、更令人愉快的社区，将其作为研究天堂在其中工作，我要为这个学术天堂小岛感谢过去和现在的每一位成员。

我还要感谢我所有的朋友，他们多年来在我发展这些想法的过程中表现出了极大的兴趣（和耐心），特别是格雷厄姆·朗（Graham Long）、戴维·鲍尔道（David Barda）、阿希尔·瑞迪（Ahir Reddy）、卢克·沃纳（Luc Werner）、迈克尔·斯坦利（Michael Stanley）和雅各布·林达斯（Jakob Lindaas）。

罗杰·奈特（Roger Knight）和简·奈特（Jane Knight）

值得特别感谢，感谢他们的指导和鼓励，感谢罗杰作为合作作者对这个项目的兴趣——没有他们，这本书可能不会完成，当然也不会按时完成。

最后，也是最重要的，我要为一切感谢我的妻子埃玛·马蒂纽－特鲁斯韦尔（Emma Martinho–Truswell），感谢她在我所做的一切中扮演的不可或缺的角色。这本书中的每一个想法都是她听过和审阅过无数次的，每一个概念都是她帮助完善的。除此之外，如果没有她的支持，我将一事无成——她让我在心烦意乱和犹豫不决时保持正直。所以，这本著作这既是我的书，也是她的书。我感谢她以及我的女儿弗洛拉（Flora）和克拉拉（Clara）在所有事情上的支持。